计 算 机 科 普 丛 书

计算的脚步

王元卓 陆源 包云岗 编著

梁知音 绘

机械工业出版社

CHINA MACHINE PRESS

本书汇集了39个具有里程碑意义的计算设备,以及数十位缔造这些伟大发明的科学家,清晰、生动地描绘出计算机的发展之路,让读者在了解诸多知识与计算思维的同时,领会科学家们的思想与精神。

通过本书,读者能够领略计算机发展的过去、现在和将来,从早期用于计算的一根根算筹,到之后的机械式计算装置、机电式计算装置、电子管计算机、晶体管计算机,再到现在被我们所广泛使用的集成电路计算机,最后走向未来,畅想未来计算机的奇妙。

本书适合对计算领域和计算机历史感兴趣的青少年阅读。

图书在版编目(CIP)数据

计算的脚步 / 王元卓,陆源,包云岗编著;梁知音绘. —北京:机械工业出版社,2022.8(2024.4重印)
(计算机科普丛书)
ISBN 978-7-111-71147-6

Ⅰ.①计… Ⅱ.①王… ②陆… ③包… ④梁…
Ⅲ.①计算机—青少年读物 Ⅳ.①TP3-49

中国版本图书馆CIP数据核字(2022)第114304号

机械工业出版社(北京市百万庄大街22号 邮政编码100037)
策划编辑:梁 伟 责任编辑:梁 伟 游 静
责任校对:李 岛 责任印制:李 昂
北京捷迅佳彩印刷有限公司印刷
2024年4月第1版第2次印刷
185mm×245mm·6.75印张·1插页·172千字
标准书号:ISBN 978-7-111-71147-6
定价:109.80元

电话服务   网络服务
客服电话:010-88361066   机 工 官 网:www.cmpbook.com
        010-88379833   机 工 官 博:weibo.com/cmp1952
        010-68326294   金 书 网:www.golden-book.com
封底无防伪标均为盗版   机工教育服务网:www.cmpedu.com

作者简介

王元卓

博士，中国科学院计算技术研究所研究员、博士生导师，中科大数据研究院院长，中国科普作家协会副理事长，中国计算机学会（CCF）常务理事、科普工委主任。发表论文260余篇，授权发明专利70余项，出版专著5部，曾获国家科技进步二等奖。2019年获评中国"十大科学传播人物"，2020年入选"最美科技工作者"全国候选人。全国优秀科普图书《科幻电影中的科学》作者。

陆　源

北京科技大学控制工程硕士，主要研究方向大数据与社交网络。现就职于竞技世界网络技术有限公司，从事数据产品工作，负责企业财务系统、基础数据系统设计。热心科普创作，绘画作品曾在国内外多次获奖。

包云岗

中国科学院计算技术研究所副所长、研究员，中国科学院大学计算机学院副院长，担任中国开放指令生态（RISC-V）联盟秘书长、RISC-V国际基金会理事会成员、中国计算机学会（CCF）开源发展委员会副主任。近年来带领团队在国内率先开展了一系列开源芯片实践，包括开源高性能RISC-V处理器核"香山"项目、"一生一芯"计划等，该团队也成为国际上开源处理器芯片方向的主要科研团队之一。曾获CCF-IEEE CS青年科学家奖、北京市"最美科技工作者"、共青团中央"全国向上向善好青年"等荣誉。

序

随着智能手机和互联网的普及，计算机科学与技术深刻地改变了人们的工作和生活方式，智能技术与数据要素的兴起，让信息技术正在深入地渗透到工业生产、社会治理、军事等更广泛的领域，人、机、物加速走向融合，信息社会已经来临。

科普的重要性众所周知，物理、天文、生物等自然科学领域的优秀科普作品众多，伴随了几代孩子的成长，相比而言，计算机科普的作品就很少。计算机科学是年轻学科，也是发展最快的学科，新概念、新应用层出不穷，相关知识比其他学科更新迭代得更快。人工智能、万物互联、自动驾驶等30年前还只是出现在科幻电影中的场景，如今已经成为现实。由于计算机科学的实用性较强，人们接触得更多的是计算机的使用和操作层面的知识，很少读到涉及基础原理和科学知识的科普作品。

2022年，恰逢中国计算机学会（简称CCF）成立60周年，"计算的三部曲"作为CCF科普工委组织编写的第一套科普图书，也是计算机领域科技工作者给CCF甲子之年的一个生日礼物。CCF将"大众化"列为学会未来长期坚持的发展战略之一，科普丛书和正在建设的计算机博物馆是奉献给孩子们的最主要的产品。

科普作品需要兼顾趣味性和严谨性，对创作者的能力要求较高。本套图书的创作者汇聚了来自高校、科研机构和互联网企业的计算机领域的学者，还吸引了多位著名的科普专家和科幻作家。本套图书分为《计算的脚步》《计算的世界》和《计算的未来》三册，内容涵盖了计算机技术和装置的发展历史、前沿的计算机科学与技术，也包含了人们想了解的大数据、人工智能、网络安全、量子计算等热门话题。书中的内容尽可能从生活场景展开，每篇短文围绕一个有趣的问题，以通俗易懂的语言讲述科学知识，期望能够由点及面地向读者介绍相关科学原理。三册图书以手绘、科普文章和科幻短文这样生动有趣的形式呈现，力图将深奥的科学原理融入图画、故事中，兼具画面感与科学性，降低了读者的阅读难度。

本套科普图书适合对计算机科学感兴趣的小学高年级、初高中学生、非专业大众阅读。希望"计算的三部曲"系列科普图书能够受到大家的喜爱，帮助大家提高信息科学素养，从而以更积极的面貌迎接正在发生的信息社会变革。

孙凝晖

2022年7月

前言

从20世纪40年代现代计算机诞生至今的70多年，尤其是互联网应用飞速发展的近20年，人类社会经历了深刻的改变。计算无处不在、计算赋能万物，数字文明时代已经来临。今年是中国计算机学会（CCF）成立60周年，CCF作为一个学术共同体，其诞生和发展伴随了中国计算机事业的发展全程。从某种意义上讲，CCF是中国计算机事业诞生和发展的一个缩影。如今CCF已经成长为我国最具活力与影响力的国家一级学会之一，也是最富历史使命感的学术团体之一。

CCF高度重视科学普及工作，将"大众化"作为学会发展的6个"化"发展战略之一，大力推动计算领域的科普工作，提升大众的数字素养和数字生存、工作能力。2020年，CCF成立了科学普及工作委员会，我有幸担任工委主任开始全面推动CCF的科普工作。目前，科学普及工作委员会已经形成了以"CCF群星计划"为核心，包括CCF计算机科普丛书、CCF科普视频大赛、CCF科普教育基地、CCF走进中小学、CNCC科普论坛、信息科学基础教育在内的六大品牌活动。已累计惠及数亿人次，受到了大众的广泛关注。

"计算的三部曲"是CCF计算机科普丛书中的第一套图书，也是献礼CCF 60周年的一套面向大众的计算机科普读物。本套图书共有三册，分别是《计算的脚步》《计算的世界》和《计算的未来》。其中，《计算的脚步》以手绘的方式，呈现计算装置与计算思维发展的历程；《计算的世界》以科普文章的方式，介绍当前人们的衣、食、住、行中无处不在的计算技术；《计算的未来》以科幻短文的方式，畅想计算科学未来的发展愿景。希望通过"计算的三部曲"，以专业的视角和生动的方式，为读者呈现计算机科学与技术的全景视图。

《计算的脚步》作为本套书的第一册，共分7个部分介绍了计算技术和装置发展的历史长卷，让读者跟随计算的脚步，展望计算机发展的未来方向。

第一部分：早期计算装置

人类文明的发展离不开计算工具的不断演化和革新，人类将绳子、石子、木棍等作为工具延长了手指的计算能力，继而发明了算盘、计算尺等计算工具。本书首先从这些早期辅助计算的工具出发，逐步展开整幅计算技术发展的历史长卷。

第二部分：机械式计算装置

17世纪，欧洲出现了应用了齿轮技术的计算工具。试图用机械来模拟人的思维活动，以及寻找输入信息和控制工具的机械方法的，都是程序设计思想的萌芽，使计算装置从手动机械跃入自动机械的新时代。在机械计算机部分，本书选取了计算钟、乘法器、自动提花机、差分机、分析机等具有代表性的计算装置。其中巴贝奇设计的分析机能够自动解算100个变量的复杂算题，为现代计算机设计思想的发展奠定了基础。

第三部分：机电式计算装置

随着科技的发展，机电技术取代了纯机械装置，人类制造出第一台可以自动进行加减四则运算、累计存档、制作报表的计算装置——制表机，并第一次利用计算工具进行了大规模的统计工作。除了制表机，本书还选取了图灵机、马克一号来讲述这一阶段的发展。其中，图灵机概念最为值得关注，图灵证明了机器可以完成人类能完成的计算工作。自此，计算机有了真正坚实的理论基础。

第四部分：电子管计算机

20世纪40年代，电子计算机的时代到来。第一代电子计算机使用真空电子管和磁鼓储存数据，所使用的操作指令是为特定任务而编制的，每种机器有各自不同的机器语言，导致功能受到限制，速度也慢。第四部分先介绍了第一台通用电子计算机ENIAC，之后分别介绍了Manchester Baby、103机、107机等国内外具有代表性的电子管计算机。

第五部分：晶体管计算机

进入第二代电子计算机阶段，体积庞大的电子管被晶体管取代，并采用磁芯存储器。体积小、速度快、功耗低、性能更稳定。第五部分介绍了CDC 6600、TX-0、ATLAS、109乙机、441-B和在我国两弹试验中发挥了重要作用、被称为"功勋机"的109丙机。

第六部分：集成电路计算机

集成电路计算机又可以分为以小、中规模集成电路为主要功能部件的第三代电子计算机，和以大规模、超大规模集成电路为主要功能部件的第四代电子计算机。

第三代电子计算机阶段的主存储器采用半导体存储器，运算速度可达每秒几十万次至几百万次。这一阶段，美国IBM公司研制了首个指令集可兼容计算机IBM System/360，我国也先后研制出第一台百万次集成电路计算机150机和开创了我国计算机工业系列化设计与生产的先河的DJS-130机。

第四代电子计算机阶段以第一台全面使用大规模集成电路的计算机ILLIAC-IV为标志，计算机的应用领域开始从科学计算、事务管理、过程控制逐步走向家庭生活和普通工作。这一阶段，我国研发的具有代表性的成果有长城0520CH、银河系列、天河系列、曙光系列和神威·太湖之光等，并通过它们介绍了我国在计算领域取得的令人瞩目的成绩。

第七部分：未来计算机

基于集成电路的计算机还在不断发展的同时，一些新型体系结构的计算机的研究工作也在加紧进行中，比如超导计算机、生物计算机、光子计算机和量子计算机等。未来，人们将会使用到体积更小、速度更快、更加智能化、能耗更少以及更加可靠的不同技术路线的计算机。

本书由我和陆源老师、包云岗老师共同撰写完成，书中的插图由插画师梁知音老师绘制。感谢各位创作者的共同付出和努力。

本书在创作过程中得到了CCF计算机科普丛书编委会的指导和帮助，感谢编委会主任孙凝晖院士大力支持并为本书做序。中国科学院计算技术研究所的孙晓明研究员、叶笑春研究员、谭光明研究员、唐光明副研究员、臧大伟副研究员也在本书成书过程中给予了很大帮助，在此表示深深的谢意！

北京西西艾弗信息科技有限公司（CCF Press）的副总经理梁伟和各位编辑为本书做了细致辛勤的编辑工作，对此表示诚挚的谢意！

由于时间和篇幅有限，书中对计算装置的划分和描述，可能还有不当之处，加之作者水平所限，书中如有错误和不足，恳请读者予以指正。

王元卓

2022年6月

目录

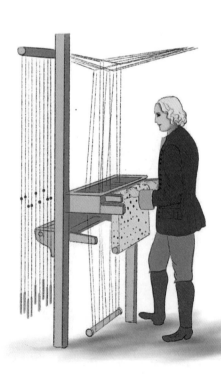

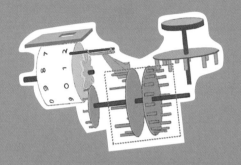

第三部分

机电式
计算装置

机械式
计算装置

第二部分

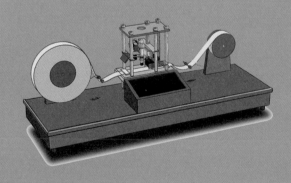

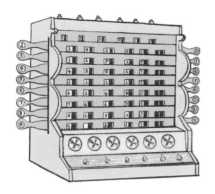

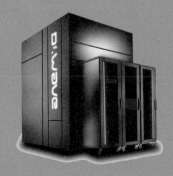

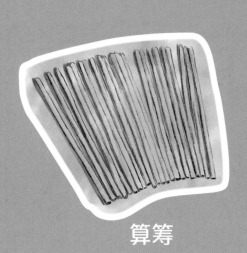

算筹

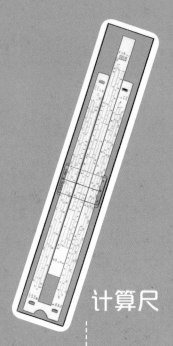

计算尺

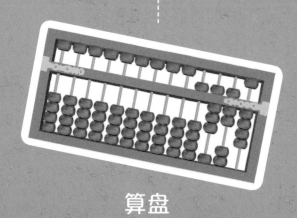

算盘

第一部分

早期计算装置

01 算筹

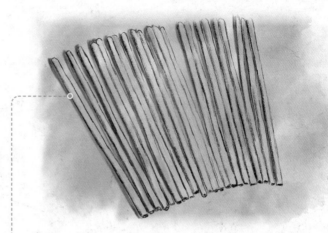

算筹的起源

根据史书的记载和考古材料的发现，古代的算筹实际上是一根根同样长短和粗细的小棍子，一般长为13～14cm，径粗0.2～0.3cm，多用竹子制成，也有用木头、兽骨、象牙、金属等材料制成的，大约270枚为一束，放在一个布袋里，系在腰部随身携带。需要记数和计算的时候，就把它们取出来，放在桌上、炕上或地上摆弄。

算筹，又称算、策、算子等，用其进行计算的方法称作筹算，在春秋时期的文献中就有筹算的相关记载，因此算筹的产生时间可能会更早。它产生之后还有一个由长变短、截面由圆变方的过程。根据《汉书·律历志》记载：其算法用竹，径一分，长六寸。20世纪的考古发掘中多次发现战国、秦、汉时期的算筹，一些算筹上还有红色漆斑，可能是用于负数计算的。算筹还可以表示、记录分数和小数。

算筹的应用

- 博戏是春秋战国之际人们喜爱的娱乐活动之一。比较流行的是六博棋，对博的双方各有6枚棋子、6根算筹，棋子布在棋局上，算筹的主要作用是"记数"。
- 在计算中，使用算筹能完成四则运算和开方。西周时采用"井田制"，逐渐形成了各级单位面积的名称、进位关系，组成了一个系统的专业计算田亩的计算单位制，从而形成"计亩而分"的收税法。

算筹记数法

算筹计数法可通过纵式和横式两种排列方式来表示单位数目，其中1～5分别以纵横方式排列相应数目的算筹来表示，6～9则分别以上面的算筹加上下面相应的算筹来表示。这种表示方式是基于十进位制的需要。

其一是"十进制"，即满十进一，十个一为十，十个十为百，……；

其二是"位值制"，即共有10个数码，每个数码所表示的数值，不仅取决于数码本身，还取决于它在记数中的位置。规则为"满十进一，个位用纵式，十位用横式，百位用纵式，以此类推，遇零置空。"

例如，同样是一个数码"2"，放在个位上表示2，放在十位上就表示20，放在百位上就表示200，放在千位上就表示2000。

	一	二	三	四	五	六	七	八	九
立算筹/纵式	│	‖	‖‖	‖‖‖	‖‖‖‖	⊤	⊤	⊤	⊤
卧算筹/横式	一	=	≡	≣	≣	⊥	⊥	⊥	⊥

立算筹用于个位、百位、万位……
卧算筹用于十位、千位、十万位……

6728　⊥ ⊤ = ⊤

6708　⊥ ⊤　　⊤

据《孙子算经》记载，算筹记数法则是"凡算之法，先识其位，一纵十横，百立千僵，千十相望，万百相当。"《夏阳侯算经》中说，满六以上，五在上方，六不积算，五不单张。

历史意义与成就

古罗马的数字系统中没有位值制，只有7个基本符号，当数字超过7时，计算就会很烦琐；古玛雅人使用20进制；古巴比伦人使用60进制。它们都突显了中国古代的十进制这一世界数学史上的伟大创造，马克思在《数学手稿》一书中称赞十进位记数法是"最妙的发明之一"。

算筹被用于记数、列式和演算，大多数算法要依赖算筹布列进行计算，因此基本上可以把算筹看作一个机械化的计算系统。作为中国古代特有的计算工具，算筹不仅提供了数学活动的舞台，而且为中国传统数学发达的计算技术提供了物质基础。中国古代数学家在计算方面取得了许多卓越的成绩，一定程度上应该归功于算筹这一符合十进位制规则的计算工具。

02 算盘

算盘的起源

算盘，又作珠算盘，是在改进"算筹"的过程中应运而生的，起源于中国，是中国祖先创造发明的一种简便的计算工具，迄今已有两千多年历史。早在汉代的《数术记遗》一书中所记载的14种上古算法中，就有珠算。大约到了宋元时期，算盘开始流行起来。北宋名画《清明上河图》中，赵太丞家药铺柜就画有一副算盘。

▲ 清明上河图局部

由于用算盘运算方便、快速，几千年来，算盘一直是中国古代劳动人民普遍使用的计算工具。即使现代电子计算器非常流行，古老的算盘也没有被废弃，反而它因具备灵便、准确等优点，在许多国家被广泛使用。

算盘的结构

一般算盘多为木制，矩形木框内排列的将一串串算珠串起来的棍称为档，中间有一道横梁把珠分割为上下两部分，上部分的每珠代表5，下部分的每珠代表1，从右至左代表了十进位的个、十、百、千、万等位数。算盘加上一套配合拨珠规则的珠算口诀，就可以进行加减乘除等基本运算了，甚至可以完成开多次方等复杂运算。

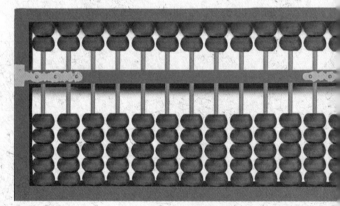

▲ 算盘

珠算口诀表

加一	一上一	一下五去四	一去九进一	减一	一下一	一上四去五	一退一还九
加二	二上二	二下五去三	二去八进一	减二	二下二	二上三去五	二退一还八
加三	三上三	三下五去二	三去七进一	减三	三下三	三上二去五	三退一还七
加四	四上四	四下五去一	四去六进一	减四	四下四	四上一去五	四退一还六
加五	五上五	五去五进一		减五	五下五	五退一还五	
加六	六上六	六去四进一	六上一去五进一	减六	六下六	六退一还四	六退一还五去一
加七	七上七	七去三进一	七上二去五进一	减七	七下七	七退一还三	七退一还五去二
加八	八上八	八去二进一	八上三去五进一	减八	八下八	八退一还二	八退一还五去三
加九	九上九	九去一进一	九上四去五进一	减九	九下九	九退一还一	九退一还五去四

5874 + 38 = 5912

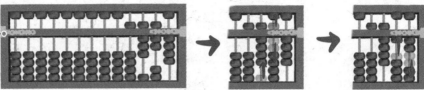

（1）十位加三：三去七进一　　（2）个位加八：八去二进一

加法

比如计算5874+38，首先从个位下排拨上去4个珠子表示4，然后从十位上排拨下去1个珠子、从十位下排拨上去2个珠子表示7，以此类推表示出5874。与传统的代数计算从个位开始从右往左计算的方式不同，算盘是从左往右计算的。十位上两个数相加得到10，向百位进1，百位上就变成9，然后把十位所有的珠子拨下来表示0。采用同样的方法将个位上的两个数相加，8+4=12，向十位进1，个位上剩下2。

932 - 867 = 65

（1）百位：八去八　（2）十位：六退一还五去一　（3）个位：七退一还五去二

减法

减法运算时，用同样的方法反向计算。从前面一栏借数而不是向前进位。比如932-867，在算盘上打出932，开始从左边一栏一栏做减法。9-8=1，留下百位上一个珠子拨上去。十位上从百位借一个1（这时百位为0），然后用13减6，得到十位上一个7。用同样的方法计算个位，从十位借1（十位变成6），用12减7，个位得到5。

上珠
梁
档
下珠
框

▲ 九层算盘

九层算盘不但可以用于复杂数学运算，而且有直观展示数字的功能。一般置放在总账房先生的办公桌上。每个下属部门报来的账目各占一层，最下一层为各下属部门所报账目汇总的数字。

有的算盘多达几十档，可以做位数超长的计算，如开平方、开立方等实际珠算数学问题，且可供多人共用一副算盘同时进行计算。

▲ 72档的算盘

03 计算尺

发明者
威廉·奥特雷德（William Oughtred）

威廉·奥特雷德（1575—1660），英国数学家，对数学符号的发展有很大的影响。他大量运用符号代替冗杂的算术描述，并在其著作《数学之钥》中首次以"×"表示两数相乘，即现代的乘号，此后便日渐流行。

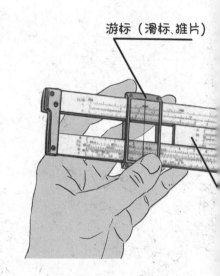

游标（滑标、推片）

计算尺的诞生

1620年，英国数学家埃德蒙·甘特把对数刻在一把尺子上，各个数的位置与其对数值成比例。用一把两脚规量出尺子的起点到第一个数的距离，然后使两脚规张开角度保持不变，把一只脚移到第二个数的位置上，另一只脚所指示的位置就对应于两段距离之和，此位置上的读数就是两数相乘的结果。

计算尺的构造

普通计算尺的外形像个直尺，由上下两条相对固定的定尺、中间一条可以移动的滑尺和可在定尺上滑动的游标3个部分组成。游标是一个刻有极细的标线的玻璃片，用来精确判读。定尺和滑尺的正反面备有许多组刻度，每组刻度构成一个尺标。尺标的数量与安排方式是多种多样的，在一般的排列形式中，从上到下刻有A尺标、B尺标、CI尺标、C尺标和D尺标，每个尺标左端的1为始点，右端的1为终点。其中A、B、C、D是10的对数刻度，CI是倒数刻度，从右到左排列。

1622年，奥特雷德将两把甘特式计算尺，巧妙地组合成了可以视为现代计算尺的滑动设备，不仅可以进行加、减、乘、除、乘方和开方运算，还能计算三角函数、指数函数和对数函数，成为使用最为广泛的计算工具。

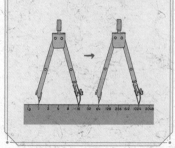

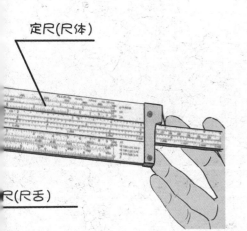

定尺(尺体)

尺(尺舌)

如何使用计算尺

把游标上的标线和其他固定尺上的刻度对齐，观察尺子上其他记号的相对位置，便能实现数学运算了。计算尺上的刻度都是按对数增长分布的，数x到左端起始刻线位置的距离与lg（x）成正比，由于对数满足：

lg（x·y）=lg（x）+lg（y）

lg（x/y）=lg（x）-lg（y）

因此，乘或除的结果就可以用定尺和滑尺上的两段长度相加或相减来求得。

有意思的是，用计算尺可以计算乘除，却不能用它做正常的加减运算，这个过程需要在纸上自行完成。

而乘方、开方、正切、余切、矢量运算等问题，只要有相应的辅助函数刻度，都可通过让滑尺上的一点对准定尺上的另一点，然后移动游标，借助指示线迅速读出运算结果。计算尺的计算结果有3位有效数字，能满足一般的工程计算的精度要求。

计算尺的应用

中国历史上最早使用计算尺的是康熙皇帝，他使用的是一把象牙制的甘特式计算尺。

阿波罗登月任务中，飞船上备着计算尺以备不时之需；邓稼先、郭永怀、于敏攻克"两弹一星"，也会使用计算尺；美国"土星5号"助推火箭、苏联人造地球卫星"斯普特尼克1号"和"东方号"宇宙飞船的设计工作中均使用了计算尺。

计算尺的计算流程

❶ 选尺：现今的计算尺，只分为加减和乘除两个尺度。

❷ 缩放：在实际计算中，因为计算尺本身不会太长，所以需要对所算的数据进行缩放，以适合计算尺本身的刻度限制，即需要对数据缩放，使其能够在计算尺的刻度范围内标识出来。

❸ 画点：根据加减乘除的不同特性，画的点也不同，其实就是画在不同的尺子上。

❹ 移动：根据计算要求移动计算尺。

❺ 读数：读出相应的数，这是未处理的(缩放的)计算结果。

❻ 还原：将读数还原，才能得到一定精度的计算结果。

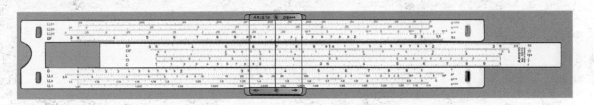

乘法器

分析机

自动
提花机

计算钟

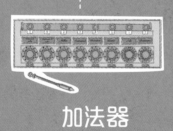

加法器

差分机

Z1

穿孔纸带

第二部分

机械式计算装置

04 计算钟

研制时间：1623—1624年

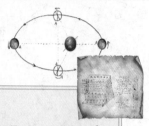

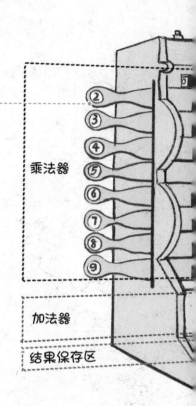

乘法器

加法器

结果保存区

发明者
威廉·契克卡德（Wilhelm Schickard）

威廉·契克卡德（1592—1635），德国希伯来语、数学、天文学教授。1623年，威廉·契克卡德为天文学家开普勒制作了一种机械计算装置，用于计算天文数据。可惜的是制造的装置在一场火灾中被烧毁，一度鲜为人知。直到后人发现他写给开普勒的信，才对这种机械计算装置有所了解，并复制出了模型机。

计算钟的结构

计算钟支持6位整数计算，主要分为加法器、乘法器和中间结果记录装置（保存结果）3部分，虽然集成在同一台机器上，但相互之间没有任何物理关联。当计算结果超出6位数时，机器会发出响铃警告，所以其被称为计算钟。

乘法器

乘法器内有6根圆柱，0~9的乘法表被印在圆柱面上，圆柱顶端的旋钮分有10个刻度，每旋转36°，就能依次将0与0~9的乘积至9与0~9的乘积面向使用者。依次旋转乘法器的6个旋钮即可完成对被乘数的设置。横向有2~9共8根带有空窗的挡板，代表乘数，左右平移某根挡板便可露出6根圆柱在这一行上的数字，即该乘数与被乘数的每一位相乘的乘积。

为纪念计算钟诞生350周年，1973年西德发行了一款邮票。邮票上，被乘数通过机顶旋钮置为100722，乘以4，就移动4的那根挡板，露出100722中各位数与4相乘的积：04、00、00、28、08、08，错位相加得到最终结果402888。

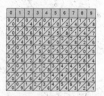

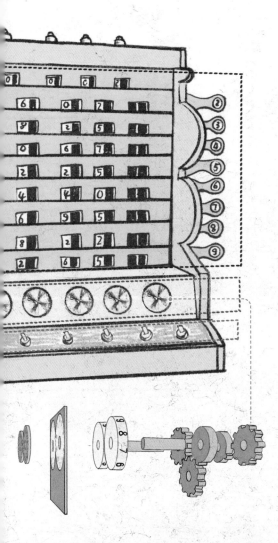

加法器

加法器通过齿轮实现累加功能，6个旋钮同样分有10个刻度，旋转旋钮就可以设置6位整数。由外而内，依次为置数旋钮、挡板、示数轮、传动轮。示数轮朝上的数字可以在上侧挡板的小窗口中看到。需要加上一个数时，从最右边的旋钮（表示个位）开始顺时针旋转对应格数即可。

通过齿轮传动实现自动进位，即计算钟使用单齿进位机构，通过在齿轮轴上增加一个小齿实现齿轮之间的传动。加法器内部的6个齿轮各有10个齿，分别表示0~9，当齿轮从指向数字9的角度转动到0时，轴上突出的小齿将与旁边代表更高位数的齿轮啮合，带动其旋转一格（36°）。

计算原理

由于乘法器单独只能做多位数与一位数的乘法，加法器通常还需要配合乘法器完成多位数相乘。被乘数先与乘数的个位相乘，乘积置入加法器；再与乘数十位数相乘，乘积后补1个0加入加法器；再与百位数相乘，乘积后补2个0加入加法器；以此类推，最终在加法器上得到结果。

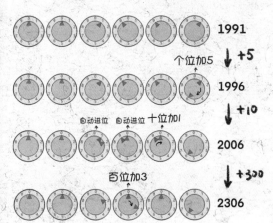

1991+315=2306

个位加5 ↓ +5

1991

1996

自动进位 自动进位 十位加1 ↓ +10

2006

百位加3 ↓ +300

2306

计算示例

① 先将6个旋钮读数置为001991。

② 个位+5，即右侧第一个旋钮顺时针旋转5格，得1991+5=1996。

③ 十位+1，即右侧第二个旋钮顺时针旋转1格，发生连续两次进位，得1996+10=2006。

④ 百位+3，即右侧第三个旋钮顺时针旋转3格，得2006+300=2306。

05 加法器

发明者

布莱斯·帕斯卡（Blaise Pascal）

布莱斯·帕斯卡，法国人。16岁的帕斯卡想要造一台计算用的机器，帮助身为首席税务官的父亲计算税率、税款。1642年，帕斯卡利用齿轮传动原理，造出了一台加法器，可以做加减法。

帕斯卡在数学、物理乃至哲学领域皆有建树，国际单位制中压强的单位"帕斯卡"也是以他的名字命名的。

加法器结构

加法器的外壳是一个半米长、拳头般粗的黄铜材质的方盒子，内部有一系列齿轮，面板上有一列显示数字的小窗口作为读数区。用一支专用的铁笔（拨数笔），像拨电话号码那样把数字拨进去，再输入另外一个加数，读数区的窗口上就会显示出两数之和。

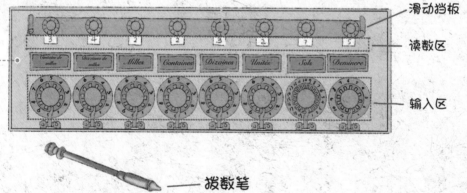

滑动挡板

读数区

输入区

拨数笔

加法器只能进行加减运算，而不能胜任乘除等更复杂的工作。6个轮子分别代表着个、十、百、千、万、十万等数位。只需要顺时针拨动轮子，就可以进行加法运算，而逆时针拨动则进行减法运算。

加法器享有诸多"第一"：第一台投入生产的计算装置、第一台商用计算装置、第一台受专利保护的计算装置、第一台被写入百科全书的计算装置等，其历史价值不言而喻。

加法器进位机制

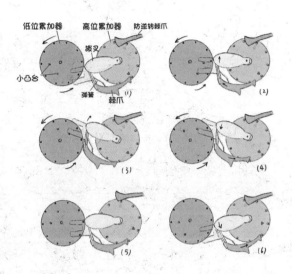

加法器输入机制

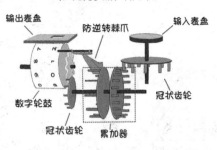

输出表盘　防逆转棘爪　输入表盘

数字轮鼓　冠状齿轮

冠状齿轮　累加器

计算原理

　　加法器的进位装置比计算钟更精密。它不再使用联动轴，而是在齿轮上增加突出齿，每转动一周低位齿轮，突出齿就会拨动高位齿轮转动一周，实现进位。

计算示例

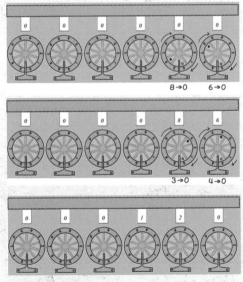

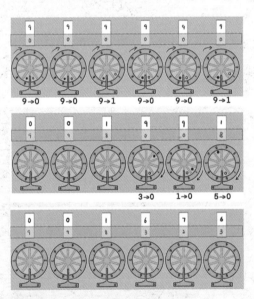

❶ 置0后将上排挡板滑下，露出补码。

❷ 按每个位置从9拨到该位数字的方式，输入被减数1991的补码998008。

❸ 此时读数区显示被减数1991。

❹ 给补数加上315。

❺ 读数区显示减法运算结果：1676。

❶ 将加法器置0，读数窗显示000000。

❷ 将十位与个位齿轮分别从8和6拨到0（+86）。

❸ 读数区显示为000086。

❹ 将十位与个位分别从3和4拨到0（+34）。

❺ 读数区显示两数相加的结果000120。

06 乘法器

发明者

戈特弗里德·威廉·莱布尼茨
（Gottfried Wilhelm Leibniz）

戈特弗里德·威廉·莱布尼茨（1646—1716），德国博学家、哲学家，被誉为17世纪的亚里士多德。

1671—1674年，莱布尼茨在帕斯卡加法器的基础上设计制作了乘法器。这台机械计算装置比加法器的先进之处在于，不仅能够进行加减运算，还能完成乘除与开方运算。

乘法器结构

乘法器上半部分为计数部分，不可动，内部有16个示数轮，组成支持显示16位结果的读数窗口。下半部分为输入部分，可以左右移动，主要用于输入、置数，有8个旋钮，支持8位数的输入，里面一一对应地安装着8个梯形轴，这些梯形轴是联动的，随机器左侧的计算手柄一同旋转。机器前方的移位手柄借助蜗轮结构控制可动部分左右平移，手柄每转一圈，输入部分就移动一个数位的距离。

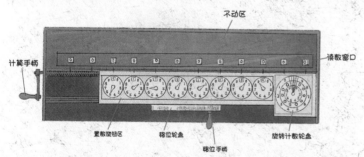

计算手柄　置数旋钮区　移位轮盘　移位手柄　旋转计数轮盘　不动区　读数窗口

计算原理

加减法：进行加法运算时，先通过置数旋钮置入被加数，计算手柄旋转一周，被加数即显示到上方的示数轮上，再将加数置入，计算手柄旋转一周，示数轮上显示出计算结果。进行减法运算的操作类似，将计算手柄反转即可。

乘法：通过置数旋钮置入被乘数，如果乘数是一位数，那么乘数是几，计算手柄就旋转几圈。如果乘数是多位数，则需借助移位手柄。以10×24为例，在完成被乘数10的置数后，首先计算手柄旋转4周，示数轮显示10×4的结果；然后移位手柄旋转一周，输入部分左移一个数位的距离，其个位与计数部分的十位对齐，计算手柄旋转2周，10×24的结果就显示在示数轮上。

除法：一切操作都与乘法相反。先将机器下半部分的最高位与上半部分的最高位（或次高位）对齐，逆时针旋转计算手柄，旋转若干圈后会卡住，可在右侧大圆盘（旋转计数轮盘）上读出圈数，即商的最高位；逆时针旋转移位手柄，下半部分右移一位，重复刚才的操作得到商的次高位；以此类推，最终得到整个商，示数轮上剩下的数即余数。

乘法的突破

莱布尼茨创造性地发明了一种阶梯鼓轮装置，后人称之为莱布尼茨阶梯鼓轮。莱布尼茨阶梯鼓轮是一个圆柱体，表面有9个长度递增的齿，第一个齿长度为1，第二个齿长度为2，以此类推，第九个齿长度为9。旁边另有1个小齿轮可以沿着轴向移动，以便逐次与阶梯鼓轮啮合。每当小齿轮转动1圈，阶梯鼓轮可根据它与小齿轮啮合的齿数，分别转动1/10圈、2/10圈……直到9/10圈，这样就能够连续重复地做加减法，在转动手柄的过程中，使重复加减转变为乘除运算。

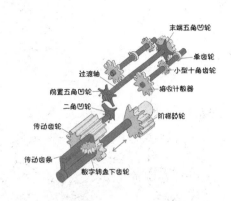

阶梯鼓轮的结构

莱布尼茨没有实现自动连续进位的功能，当产生连续进位时，机器顶部对应的五角星盘会旋转至角朝上的位置（无进位情况下是边朝上），需要操作人员手动将其拨动，完成向下一位的进位。

- 当阶梯滚轮的齿牙位于上方时，会与接收计数轮相接，实现数值传送。
- 接收计数轮与结果示数轮同处计数轴上，两者的转动具有一致性。
- 前后位移单齿轮在计数轴的带动下，每旋转一圈就会推动中间过渡轴末端的齿轮旋转一个齿格。
- 没有进位需求时，前置五角凹轮的底边处于水平状态。当有进位需求，即当前置五角凹轮发生偏转时，二角凹轮推动前置五角凹轮旋转，末端五角凹轮推动与其相接的左侧的小型十角齿轮旋转一个齿格，完成进位。

乘法器的影响

澳大利亚工程师科特·赫兹斯塔克（Curt Herzstark）研制出科塔计算器，这种计算器采用阶梯轴，可以完美地运转，直到20世纪70年代电子计算器出现前，科塔计算器都是最流行的计算器之一。

◀ 科塔计算器

07 穿孔纸带

发明者

巴希尔·布乔（Basile Bouchon）

1725年，法国纺织机械师巴希尔·布乔突发奇想，想出了一个"穿孔纸带"的绝妙主意，用于控制纺织机绘制图案。这被认为是半自动机器的第一个工业应用。

穿孔纸带的意义

虽然纸带依然需要有人照看，每穿过一次纬线，纸带就需要手动向下移动一格，但其已体现编程思想——编织图案的"程序""储存"在穿孔纸带的小孔之中。

穿孔纸带是"程序控制机器"思想的萌芽，实现了编织图案以二进制存储在穿孔纸带上，且能被机器自动读出内容并按内容完成任务。改进后的穿孔纸带被广泛应用于早期的计算机交互与数据存储中。

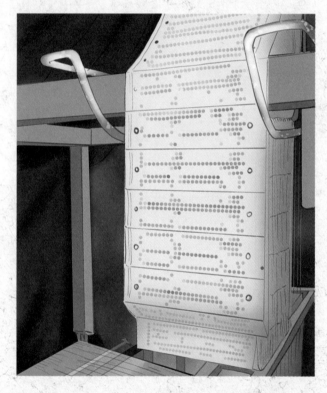

设计思路

在纺织机的编织过程中，编织针往复滑动。布乔设法用一排编织针控制所有的经线运动，根据图案在一卷纸带上打出一排排小孔，并把它压在编织针上。纸带上是否存在小孔决定了编制针的动作，若存在小孔，编织针则可以穿过小孔钩起经线，反之编织针则被纸带挡住。于是，编织针就可以自动按照在穿孔纸带上预先设计的图案控制经线、编织图案。

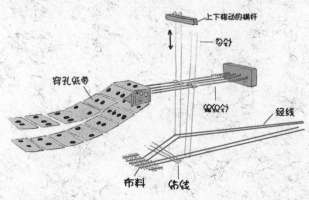

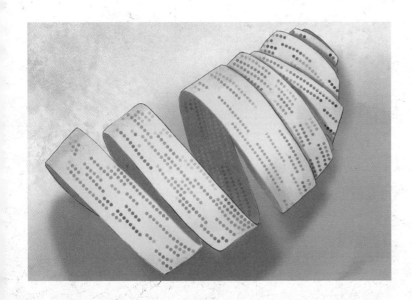

◄ 穿孔纸带

穿孔纸带的应用

　　穿孔纸带也被称为指令带，在19世纪至20世纪时，主要用于电传打字机通信、可编码式的织布机以及计算机的储存介质，后期用于数控装置。穿孔纸带上必须用规定的代码，以规定的格式排列，并代表规定的信息。

- 加工业：目控机床多采用八单位穿孔纸带，产生读带的同步控制信号和记录数字、字母或符号等信息。数控装置读入这些信息后，对它进行处理，指挥数控机床完成一定的机械运动。
- 通信业：穿孔纸带是电传打字机存储信息的一种方式。操作员将信息输入到纸带上，然后以最大线速从纸带上发送信息。
- 数据存储：20世纪70年代到20世纪80年代初期，纸带通常用于传输二进制数据，以便合并到ROM或EPROM芯片中。
- 金融：1970年左右，金融机构制造了可以打纸带的收银机。然后，将纸带读入计算机，不仅可以汇总销售信息，还可以对交易进行记录。

穿孔纸带的国际标准

❶ 纸带前沿至同步孔中心距离：9.96（±0.1）mm。

❷ 同步孔孔径：1.17（−0.025）~（+0.05）mm。

❸ 信号孔孔径：1.83（±0.05）mm。

❹ 各信号孔与同步孔间距：2.54（±0.05）mm。

穿孔纸带的优缺点

- 可靠性低。需要手动逐孔比较来跟踪每次机械运作。
- 操作难度高。倒带困难且容易撕裂纸带。
- 信息密度低。很难处理大于几十KB的数据集。
- 保存时间长。穿孔纸带保存时间可以长达几十年。
- 易修复。用剪刀、胶水、胶带可以很容易修复撕裂的纸带。
- 抗干扰。机械车间中，纸带存储的数控程序可避免被电动机产生的磁场干扰。
- 易销毁。存储加密密钥的纸带很容易处理，可防止密钥泄露。

08 自动提花机

发明者

约瑟夫·玛丽·雅卡尔（Joseph Marie Jacquard）

约瑟夫·玛丽·雅卡尔（1752—1834），法国发明家。他于1801—1808年设计出人类历史上首台可设计图案的织布机——雅卡尔自动提花机，使普通织工能织出极为精美的式样，对后来发展出其他可编程机器（例如计算机）起了重要推动作用。在雅卡尔去世时，雅卡尔自动提花机已得到广泛应用，他也被拿破仑授予勋章。

设计思想

虽然编织的花纹看起来很精美且复杂，但其本质是由重复的线条构成的，无非就是有规律的经纬交错。因此，编织复杂花纹的方法应该和编织简单花纹的方法一样。

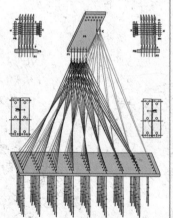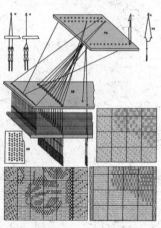

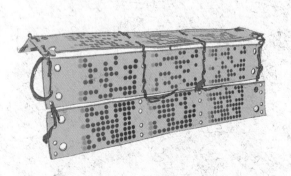

雅卡尔将穿孔纸带改进为穿孔卡片，先根据纹样图案在卡片上打孔，再将一系列打好孔的卡片装订在一起，每张卡片上都有一个独特的已打好孔的阵列。通过孔的有无带动一系列机械运动装置来控制经纱（沿织布机竖向延伸的一串纱）的提升，一张卡片对应循环内一次左右引纬（将纬纱引入经纱层）时经纱提升的信息，引纬完成后，可通过脚踏板控制穿孔卡片转动，下一张卡片翻转至工作位置以控制新一次引纬的提花。

▼ 雅卡尔自动提花机

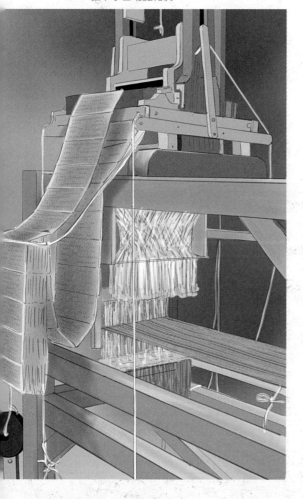

在卡片上预设若干孔位，每个孔位可以穿孔也可以不穿孔，并且每一个孔位都对应一个钩子。将卡片置于经线上方，钩子可以伸进孔里提起经线，如果钩子对应的地方没有打孔，钩子就伸不进去，经线也就无法提起来。每织一纬，翻过一块卡片，这样就会形成纬线。在经线的下面或上面，卡片可以排列组合，从而形成不同的花纹。采用这种工作原理的织布机被称为自动提花机。

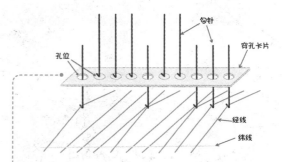

每个钩子还可以连接多条经线，大大提高了编织的效率。雅卡尔还为提花机配置了脚踏板。原本属于织工的任务就可以完全交给机器自动完成。这样，只需一人操作，即可织出至少含600针经线的图案。

历史意义与成就

雅卡尔自动提花机可以全自动工作，由一位工人操作即可，不仅能节约人工成本，还能大幅提升工作效率，因此被纺织工厂广泛采用。法国的纺织业也依靠着雅卡尔自动提花机迅速崛起，领先世界。

如果我们用现代科学的眼光去审视雅卡尔自动提花机，它在本质上已经完成了让机器识别0和1（0为闭孔，1为开孔），并实现了用机器能够识别的方式存储数据（花纹）。雅卡尔自动提花机的诞生是伟大的，它不仅让纺织业迎来巨大变革，更让人类触摸到了信息控制世界的边界，其通过更换穿孔卡片来编织花纹的原理对于早期计算机硬件的发展有着极其深远的影响。

09 差分机

发明者

查尔斯·巴贝奇（Charles Babbage）

查尔斯·巴贝奇（1791—1871）是一名英国发明家，出生于一个富有的银行家家庭，拥有巨额财富，但他把金钱都用在了科学研究上。

1800年前后，法国、英国因统一全国度量衡的需求而需要重新编制数学用表。1822年，巴贝奇向英国皇家天文学会递交了一篇名为《论机械在天文及数学用表计算中的应用》的论文，希望用机器来代替频繁出错的人力计算。

差分思想

　　差分机这个名字，源自帕斯卡在1654年提出的差分思想：n次多项式的n次数值差分为同一常数。所谓"差分"，是把函数表的复杂算式转化为差分运算，用简单的加法代替平方运算。差分机设计的目标是让机器能够按照设计者的旨意，自动处理不同函数的计算过程。

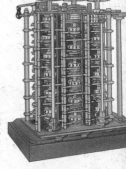

▲ 设计图纸　　　　　▲ 差分机原型机

差分机的面世

　　1822年，差分机1号项目启动。但10年后，巴贝奇也只完成了设计稿的1/7：一台支持6位数、2次差分的小模型（设计稿为支持20位数、6次差分）。巴贝奇差分机的原始模型是用齿轮制作的，这些齿轮被固定在轴上，由一根曲柄转动而带动，可以处理3个不同的5位数，演算出好几种函数表，计算精度达到小数点后6位。预计完工后，这台机器将有25 000个零件，重15t。

　　1846—1849年，巴贝奇升级了设计，提出支持31位数、7次差分的差分机2号方案，但因没有政府资助，只能停留于稿纸。1985—1991年，伦敦科学博物馆为了纪念巴贝奇诞辰200周年，根据其1849年的设计，用纯19世纪的技术成功造出了差分机2号。

差分机 ▼

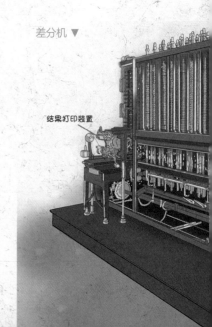

结果打印装置

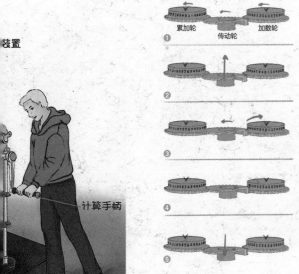

❶ 当累加器数字从9转到0时，进位提示器的棘爪经过累加器上的凸起。

❷ 进位提示器被推起一个角度并被后面的机关卡住，状态为"待进位"。

❸ 加法计算完成后，进位提示器回落，接受进位探测装置的扫描。

❹ 若为非进位状态，进位探测装置直接扫过进位杆不做任何处理；若为待进位状态，扫描装置碰到进位杆末端并推动进位提示器转动一个角度，带动相邻的上一个齿轮转动一格进位。

❺ 进位完成后，进位提示器抬升，进位齿轮与累加器齿轮脱离。

❻ 完成进位的进位提示器提升后，进位杆碰到回位装置。

❼ 回位装置使进位提示器回归到无进位状态。

❶ 初始阶段：两位数字分别保存于加数轮和累加轮。梯形轮状的传动轮与左右两个齿轮均耦合，顺时针转动的同时带动两个齿轮转动。

❷ 传动轮旋转到加数轮0的位置，完成数据相加后升起。此时累加轮显示的结果为两数之和。

❸ 传动轮升起后，梯形齿轮薄侧的齿轮脱离累加轮，厚侧的齿轮和加数轮保持耦合。升起后，传动轮逆时针旋转，仅带动加数轮。

❹ 传动轮逆向旋转到初始位置，相应地，加数轮从0恢复到初始数值后，传动轮向下回落。

❺ 传动轮回落至初始位置，梯形齿轮与累加轮、加数轮恢复到同时耦合状态。累加轮保持相加结果，加数轮恢复运算前的数值。

10 分析机

发明者

查尔斯·巴贝奇

（Charles Babbage）

查尔斯·巴贝奇（1791—1871），英国发明家，科学管理的先驱者，出生于一个富有的银行家家庭，曾就读于剑桥大学三一学院。

英国工业革命兴起之时，为了解决航海、工业生产和科学研究中的复杂计算（人工计算的数学表错误很多），巴贝奇决心研制新的计算工具，用机器取代人工来计算这些实用价值很高的数学表。

分析机结构

分析机算得上是世界上第一台计算机，由蒸汽机驱动大量的齿轮机构运转，能够自动解出含有100个变量的复杂算题，支持计算的数可达25位，速度可达每秒钟运算一次。机身大约30m长、10m宽，使用打孔纸带输入，采用十进制计数。

分析机由5个部分组成：

① 齿轮式存储库：每个齿轮可贮存10个数，齿轮组成的阵列总共能够储存1000个50位数（约16.7KB）。

② 运算室：用齿轮件的啮合、旋转、平移等方式进行数字运算。每个算术单元可以进行四则运算、比较和求平方根操作。40位数加40位数的运算可完成于一次转轮中，做一次20位数乘40位数的运算只需两分钟。

③ 控制器：用穿孔卡片中的0和1来控制运算操作的顺序，类似于计算机的控制器。

④ 输入装置：输入包含运算指令、常量数据和控制数据的穿孔卡片。

⑤ 输出装置：打印装置、曲线绘图仪、响铃和打孔机。

分析机有自己使用的编程语言，类似于现代的汇编语言。这个语言支持循环和条件分支，按现在的名词来讲，它是图灵完备的。

▲ 分析机

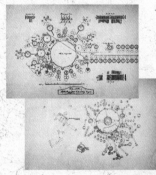

◀ 分析机设计图纸

◀ 打孔部分设计图纸

工作过程

读卡装置从穿孔卡片上读取数据和运算指令，数据进入存储器，随后被传送至运算室进行处理，处理结果进入存储器并通过输出装置呈现给用户。在控制类穿孔卡片的指引下，控制器可以实现顺序、循环、条件等多种控制逻辑，读取数据的读卡装置则不但可以按照正常顺序读卡，还可以反序读卡，乃至跳过部分卡片。

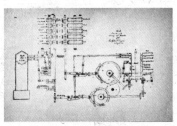

▲ 读卡部分设计图纸

计算原理

巴贝奇的一大创举是将穿孔卡片引入计算机器领域，用于控制数据的输入和计算。分析机用3种相互独立的不同类型的打孔卡片进行输入。

- 第一种用于算术运算。
- 第二种用于记录数字常数。
- 第三种用于加载和存储操作，以及在存储单元到算术单元之间传递数字。

分析机中的输入数据、存储地址、运算类型都使用穿孔卡片来表示。机器运行时，卡片上有孔和无孔的地方会导致对应的金属杆执行不同操作，无孔的地方会顶住探针。机器先从数据卡片读入数据到存储器，再将存储器中的数据传输到运算器，运算器算完后又将数据传回存储器。在类似这样的齿轮和拉杆作用下实现可编程运算。

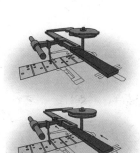

第一位程序员

爱达·洛芙莱斯（Ada Lovelace），著名英国诗人拜伦之女、数学家，计算机程序创始人，世界上首位程序员，建立了循环和子程序概念。

- 1842—1843年，爱达翻译了意大利数学家一篇阐述分析机的文章《关于巴贝奇先生发明的分析机简讯》，这被视为程序设计方面的第一篇著作。译文中详细说明了计算机的运算方式，其中针对计算伯努利数的算法被视为史上第一个计算机程序。
- 1980年，美国军方为了纪念爱达，开发了一个新的高级计算机编程语言，并以她的名字命名——Ada。

历史意义与成就

巴贝奇首次提出用随时可以替换的穿孔卡片来指挥机器的设计，成就了机器的可编程性。在分析机设计中，穿孔卡片的引入功不可没，这种经典的数据载体跨越了机械、机电和电子3个时代，一直沿用至20世纪80年代中期。

11 Z1

发明者
康拉德·祖斯
（Konrad Zuse）

康拉德·祖斯（1910—1995），德国土木工程师、计算机科学家、发明家和商人。他最大的成就是研制了世界上第一台可编程计算装置，因而被视为现代计算机的缔造者。

主要指标

- 存储容量：64位。
- 时钟频率：1Hz。
- 寄存器：2个浮点寄存器，每个22位。
- 计算单元：四则运算。
- 体积：数立方米（长约2m、宽约1.5m）。
- 重量：1000kg以上。
- 平均运算速度：加法运算需要5s，乘法运算需要10s。
- 输入：十进制浮点数。
- 输出：十进制浮点数。

▼ Z1

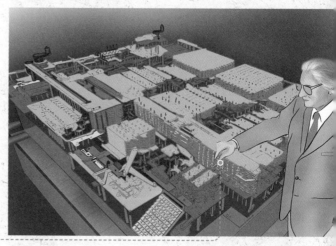

Z1是祖斯于1938年制造的一台电气驱动的机械式计算装置，由大量铁片和螺栓组成，制作工艺复杂且耗资巨大。它从穿孔卡片上读取程序，一段程序由一系列算术运算、内存读写、输入输出的指令构成。由22位浮点值加法器、减法器和一些控制逻辑，实现3×3矩阵运算、64位的存储和计算等比较简单的任务，如乘法（通过重复加法）和除法（通过重复减法）。Z1使用机械式内存存储数据。

体系结构

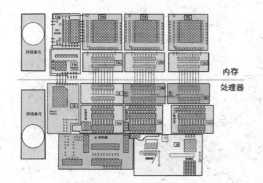

内存
处理器

Z1接收4位十进制数输入，并将其转换为二进制。从穿孔卡片读入程序，计算结果可以写入内存，也可以在后续计算时从内存读出。数据从内存出来，进入两个可寻址的寄存器，再传给算术逻辑单元。结果回传给寄存器或回传至内存。二进制浮点型结果可以转换回用科学记数法表示的十进制数，方便读取。

指令中不包含条件或无条件分支，也没有对结果为0的异常处理。

分块结构

Z1是一台由时钟控制的机器，其时钟被细分为4个子周期，通过机械部件在4个相互垂直的方向上的移动来表示。

机器的两个主要部分：上半部分是内存，下半部分是处理器。每部分都有其自己的周期单元，每个周期进一步分为4个方向，依靠机械移动表示。分布在计算部件下的杠杆会带动机器的其他部分。一次读入一条穿孔卡片上的指令，指令的持续时间各不相同。存取操作耗时一个周期，其他操作则需要耗时多个周期。

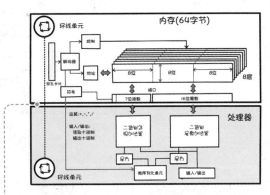

最简单的程序示例：

❶从地址1（即第1个寄存器）加载数字。

❷从地址2（即第2个寄存器）加载数字。

❸相加。

❹以十进制数显示结果。

二进制的实现：机械门

立体的逻辑门由堆叠的平板组成，板间的移动通过垂直放置在平板直角处的圆柱形小杆（或称销钉）实现。一块平板有两个位置（0或1），逻辑门根据所要表示的位值，将其从一块板传递到另一块板，实现状态转移。

基本门就是一个开关。如果数据位为1，驱动片和活动片就建立连接；如果数据位为0，连接断开，驱动片的移动无法传递。

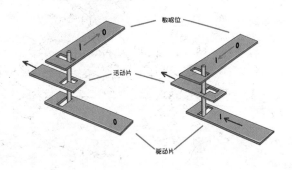

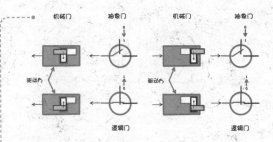

祖斯给出了机械继电器的抽象符号，把继电器画成了开关。数据位习惯始终画在0位置。箭头指示着移动方向：驱动片可以往左拉或往右推。

历史意义与成就

Z1是世界上首台使用继电器工作的计算装置，也是世界上首台可以自由编程、使用二进制数的计算装置。Z1基于完全的二进制架构实现内存和处理器，并将内存和处理器分离，使两者可以独立运行；使用浮点数表示内部数据，还使用了微代码结构的CPU，都是计算机历史上的重要革新。

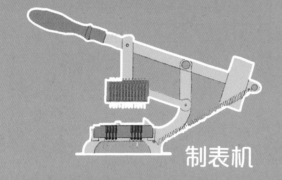

制表机

马克一号

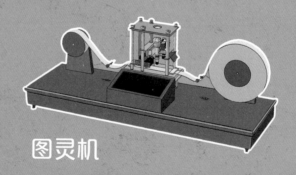

图灵机

第三部分

机电式计算装置

12 制表机

发明者

赫曼·霍列瑞斯

（Herman Hollerith）

- 德国侨民，毕业于美国哥伦比亚大学矿冶学院，专业是采矿。毕业后在人口调查局工作，从事人口普查。
- 曾任教于麻省理工学院，致力于自动制表机的研制。
- 创办一家专业制表机公司，影响力甚至扩大到俄罗斯、加拿大和挪威等国，最终发展为著名的IBM公司。
- 被誉为"数据处理之父"，出版关于计算机的著作，为穿孔卡计算机的发展奠定了基础。

工作过程

穿孔卡片用薄纸板制成，使用者可用手或机器对其打孔。卡片被输入到一个连接计数装置的读卡器中，读卡器用针刺探卡片，只在有孔处，针才会穿过卡片发生电连接，进而令对应的计数器前进一个刻度以实现计数。

举例说明，如果一张表示"美国男性农民"的卡片通过读卡器，那么"美国""男性""农民"这3个类别里的每一个计数器都会前进一个刻度。

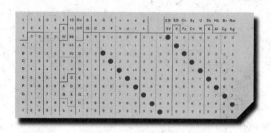

▲ 穿孔卡片

制表机结构

制表机由5个部分组成：

① 接受压力机。

② 继电器。

③ 计数器。

④ 分类盒。

⑤ 电池。

操作员首先使用穿孔机制作穿孔卡片；然后使用读卡装置识别卡片上的信息，机器自动完成统计并在示数表盘上实时显示结果；最后将卡片投入分类箱的某一格中，进行分类存放，以供下次统计使用。

示数装置包含4行、10列共40个示数表盘，每个盘面被均匀地分成100格，并装有两根指针，和钟表十分相像，"分针"转一圈可计100，"时针"转一圈则计10 000。可见，整个示数装置可以表达规模很庞大的数据。

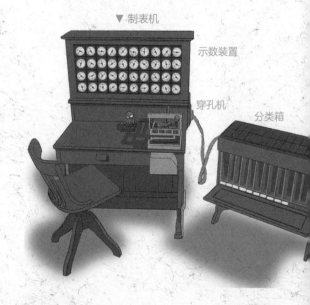

▼ 制表机

示数装置

穿孔机

分类箱

读卡装置

　　读卡装置的外形和使用方式有点类似现在的重型订书机，将卡片置于压板和底座之间，按压手柄读取卡片信息。

　　原理是通过电路通断识别卡片信息。底座中内嵌着诸多管状容器，位置与卡片孔位一一对应，容器里盛有水银，水银与导线相连。底座上方的压板中嵌着诸多金属针，同样与孔位一一对应，针的上部抵着弹簧，可以伸缩，压板的上下面由导电材料制成。当把卡片放在底座上并按下压板时，卡片上有孔的地方，针可以通过，与水银接触，电路接通；卡片上没孔的地方，针就被挡住。

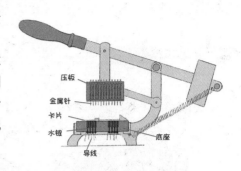

压板
金属针
卡片
水银
底座
导线

控制电路

- 电路图上方有7根金属针，标识着开关、性别、国籍、职业等信息。
- 在卡片上留出一个专供总开关通过的孔，以防止卡片没有放正而统计到错误的信息。
- 总开关比其他针短，或者总开关下的水银比其他容器里少，以确保其他针都已经接触到水银之后，整个电路才接通。电路通断的瞬间容易产生火花，元器件的损耗集中在总开关身上，便于后期维护。
- 通电的电磁继电器将产生磁场，牵引相关杠杆，拨动齿轮完成计数，最终体现到示数表盘上指针的旋转。

信息分类

　　电磁铁不但控制计数装置，还控制分类箱盖子的开合。分类箱上的电磁铁接入工作电路，每次完成计数时，对应格子的盖子会在电磁铁的作用下自动打开，操作员将卡片投到正确的格子里，可完成卡片的快速分类。

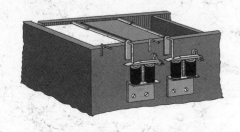

历史意义与成就

　　霍列瑞斯制造的制表机是第一台可以自动进行四则运算、累计存档、制作报表的机电式计算装置。这台制表机参与了美国1890年的人口普查工作，将原本预计持续10年的统计工作，缩短到两年半就完成了，节省约500万美元的开支。这是人类历史上第一次利用计算工具进行大规模的自动处理。

　　FORTRAN语言（世界上首个被正式推广的高级编程语言）的早期版本使用字母H（Hollerith的首字母）来表示文本数据，以彰显霍列瑞斯对文本编码的贡献。

13 图灵机

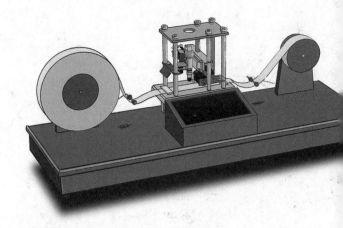

发明者
艾伦·图灵
（Alan Turing）

- 艾伦·图灵（1912—1954），英国数学家、逻辑学家，被称为"计算机科学之父""人工智能之父"。
- 1931年进入剑桥大学国王学院，毕业后到美国普林斯顿大学攻读博士学位，曾经和爱因斯坦共事。
- 1945年，获英国政府最高奖——大英帝国官佐勋章。
- 世界级长跑运动员，参加过奥运会马拉松比赛。

图灵机的概念

1936年，图灵在《论数字计算在决断难题中的应用》中提出"图灵机"概念：图灵机不是具体的计算机，而是一种计算概念。图灵机通过模拟人们使用纸笔的数学计算过程，让机器代替人类进行计算。

图灵机由控制器、纸带和读写头组成。

- 控制器：一台时序机，即有限自动机，具有有限个内在状态，包括初始状态和终止状态。内部有操作程序，用来驱动纸带左右移动和控制读写头的操作。
- 纸带：相当于计算机的内存。一条可以向两端无限延伸的纸带，纸带上分为一个个方格，每个方格可存储规定字符表中的一个字符，如0、1等，也可保持空白。
- 读写头：与纸带进行相对运动，对纸带进行扫描，每次读出或写入一个字符。

图灵机背后故事

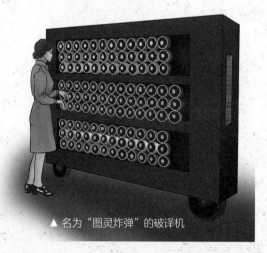

▲ 名为"图灵炸弹"的破译机

"二战"期间，图灵参与设计的电子计算装置Pilot ACE，成功破解了德军的密码系统，还曾协助击沉了德国巨型战列舰"俾斯麦号"。历史学家估计战争时间因此缩短了两年，挽救了超过1400万人的生命。Pilot ACE的技术设计基于图灵在1936年的理论研究工作。

工作原理

图灵机有一条无限长的纸带，被分成许多个小方格。一个包含内部状态和固定程序机器头在纸带上移动。人们用纸笔进行数学运算的过程，可视为两种简单的动作：

❶ 机器头从当前纸带上读入一个方格信息，结合内部状态查找程序表，根据程序在纸上写上或擦除某个符号。

❷ 转换内部状态，把机器头从纸的一个位置移动到另一个位置。

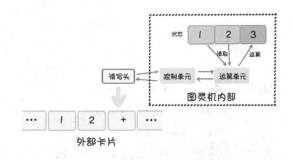

Pilot ACE

1945年，图灵在国家物理研究所设计了属于最早一批机电式计算装置之一的Pilot ACE，首次实现了心目中的通用图灵机。

- 建造日期：20世纪50年代早期。
- 建造地：英国国家物理实验室（National Physical Laboratory，NPL）。
- 存储容量：原始存储大小是128个32位的字，之后扩充到352个32位的字。
- 计算速度：运行一条指令的时间高度依赖于指令在存储器中的位置，一个加法运算可能需要64～1024ms。
- 材料：总计使用了大约800个真空管。

历史意义与成就

如今所有的通用计算机都是图灵机的一种实现。当一个计算系统可以模拟图灵机时，称其是图灵完备的；当一个图灵完备的系统可以被图灵机模拟时，称其是图灵等效的。

图灵完备和图灵等效成为衡量计算机和编程语言能力的基础指标，如今几乎所有的编程语言都是图灵完备的，这意味着用一种编程语言能写出的程序用另一种也照样可以实现。

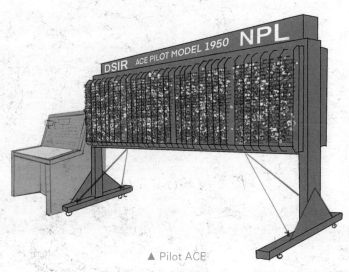

▲ Pilot ACE

14 马克一号

发明者

霍华德·艾肯（Howard Aiken）

- 霍华德·艾肯（1900—1973），生于美国新泽西州霍博肯，计算机科学先驱。
- 于威斯康星大学获电气工程学士学位，后进入芝加哥大学并转入哈佛大学获硕士和博士学位。
- 获1970年IEEE"计算机先驱奖"、富兰克林学会颁发的"约翰·普莱斯·韦瑟里尔奖章"，以及美国海军颁发的"杰出公众服务奖章"。
- 致力于开展计算机教育和培训，培养出"图灵奖"和"计算机先驱奖"获得者、"IBM System/360之父"布鲁克斯，"APL之父"艾弗逊，以及获1994年计算机先驱奖的荷兰学者盖里特·布劳。

马克一号结构

- 马克一号（Mark I）是美国第一部大型自动控制计算装置，也被认为是第一部万用型计算装置，于1944年交付使用。总耗资四五十万美元。
- 左侧部分是2个30行、24列的置数旋钮阵列，可输入60个23位十进制数。
- 中间部分是计算阵列，由72个计数器组成，每个计数器包括24个机电计数轮，可存放72个23位十进制数。
- 右侧部分是若干台穿孔式输入/输出装置，包括2台读卡器（用于输入相对固定的经验常数）、3台穿孔卡片读取器（分别用于读取存有常数表、插值系数和控制指令的3种穿孔卡片）、1台穿孔机和2台自动打字机。

工作过程

马克一号由开关、继电器、转轴和离合器构成。它使用了765 000个元器件，内部电线总长达800km，组装大小为16m长、2.4m高。重达4500千克。其基本计算单元使用同步式机械，长15m的传动轴由一颗4kW的马达驱动。

马克一号可以储存72组数据，每组数据有23位十进制数字。每秒可执行3次加法或减法，一个乘法运算需花费6s，一个除法运算需花费15.3s，计算一个对数或三角函数需花费超过一分钟。运算速度不算太快，但精度达到小数点后23位。

▼ 马克一号主机

机器特点

马克一号由打卡纸读取、执行每一道指令，没有条件分支指令。复杂运算的程序码序列会有很长一串。需要利用打卡纸头尾相接完成循环操作。其具有4个特征：

① 既能处理正数，也能处理负数。

② 能解各类超越函数，如三角函数、对数函数、贝塞尔函数、概率函数等。

③ 全自动，即处理过程一旦开始，运算就完全自动进行，无须人的参与。

④ 在计算过程中，后续的计算取决于前一步计算所获得的结果。

继电器

马克一号最重要的一个组成部分为机械继电器。用电线沿铁心绕多圈，做成电磁铁。与电磁铁平行放一个固定一端的铁片，要有较好的弹性。在弹性铁片与电磁铁之间平行放固定两端的铁片。当电磁铁通电时，弹性铁片活动的一端被吸引至固定铁片接触接通；断电时弹性铁片会恢复原位，断开电路。

基于继电器的控制机制，人们就可以在它的基础上搭建逻辑电路，实现计算功能。缺点在于其依赖开关闭合的机械结构，导致开关速度慢（50次/s）、耐久度差。

马克一号有大概3500个继电器，结构复杂、尺寸巨大，所以计算速度并不快。相较于如今的计算机，马克一号的性能简直不值一提，但是它在科技史上有里程碑式的意义，在当时改变世界的"曼哈顿计划"中，它也被用来计算一部分仿真结果。

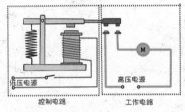 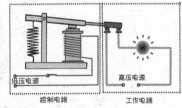

历史意义与成就

马克一号是第一台被实际制作出来的全自动计算装置，一旦开始运算便无须人为介入，与当年的其他机电式计算装置相比更加可靠。它的问世不仅实现了巴贝奇的夙愿，也代表着自帕斯卡加法器问世以来的机械式计算装置和机电式计算装置中的最高水平，被认为是"现代计算机时代的开端"和"真正的计算机时代的曙光"。

马克一号主要为美国海军舰船局提供服务，用于计算弹道和编制射击表，曾在曼哈顿计划中计算有关原子弹的问题，同时也为哈佛大学的研究人员提供服务。

▲ 输入/输出设备

ENIAC

103机

119机

Manchester Baby

107机

第四部分

电子管计算机

15 ENIAC

发明者

约翰·冯·诺依曼（John von Neumann）

约翰·冯·诺依曼（1903—1957），美籍匈牙利数学家、计算机科学家、物理学家，20世纪最重要的数学家之一。现代计算机、博弈论、核武器和生化武器等领域内的科学全才之一，被后人称为"现代计算机之父""博弈论之父"。

组成结构

ENIAC总长约30m、高约2.4m、宽约6m，占地约170m²，重达27t，包含约18000个电子管、70000个电阻、10000个电容和1500个继电器，有500万个焊接点，功耗为150kW。计算速度是每秒5000次加法或400次乘法，是使用继电器运转的机电式计算机的1000倍、手工计算的20万倍。

ENIAC主要由40块模块化的功能面板组成，贴着机房的3面墙壁呈U型排布，面板之间通过下侧的插线板相连，可按需调换相对位置。3台可移动函数表通过插线板与面板相连，读卡器和穿孔机直接连接至输入和输出模块的面板。

主编程模块（2块面板）：通过旋钮编程，设置各个电信号的走向和先后顺序。实现了所谓的结构化编程，即程序不再只能从头到尾顺序执行，还可以有条件分支和循环分支等复杂结构。

时钟周期模块：同步机器所有模块的关键，以每10μs一个电脉冲的频率指挥着各元器件的等周期工作。

初始化模块：负责完成整台机器在开始使用前的所有准备工作，比如机器上下电和累加器清零。

▼ ENIAC

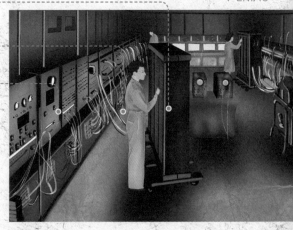

电子管

电子管（又称真空管）像是一个灯泡，内部的空气被抽出形成近乎真空的状态。以真空三极管为例，主要包含4个部分：

- 阴极：被激活后释放电子。
- 灯丝：能够发光发热，使阴极进入激活状态，开始释放电子。
- 阳极：阴极发射的电子从这里流出形成电流回路。
- 栅极：位于阴阳两级中间，当给栅极赋予一定电压时，在中间阻断电流的流动。

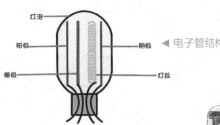

灯泡

阳极 —— 阴极

栅极 —— 灯丝

◀ 电子管结构

◀ 各类电子管

当控制电极加正电压时，真空管为导电状态；当控制电极加负电压时，真空管不导电。相较于继电器来说，真空管没有机械开关的结构，它的开关速度（每秒上千次）、使用寿命和可靠度都比继电器好得多。从此，计算机从机电式真正走向了电子式。

函数表（3个）：每个占据2块面板，通过旋钮预置一些供其他模块反复使用的常数。3台可移动函数表各有1456个旋钮，可直接连接其他模块查表。一次查表耗时5个加法运算的时间

高速乘法器占据3块面板，一次n位数（$n \leq 10$），乘法的耗时是$n+4$个加法运算的时间。通过直接查找预置在函数表里的部分积，然后将它们加起来实现乘法。

累加器（20个）：每个可存放1个10位十进制数（包括负数）。累加器之间可互相传递自己的存储值或其补码实现加法或减法。一次数据传输或加减运算耗时200μs，称为"加法时间"，作为ENIAC运算速度的基准时间。

输入模块和输出模块（各3块面板）：IBM读卡器和穿孔机。每张穿孔卡片可存8个10位十进制数，读取一张卡片用时48s，穿孔一张卡片用时0.6s。均使用继电器临时存储数据，是连接机器外部和内部的数据缓存池。

▼ 控制端

历史意义与成就

- ENIAC是继ABC（阿塔纳索夫–贝瑞计算机）之后的第二台电子计算机和第一台通用计算机，是人类历史上第一台真正的通用、可编程、电子式计算机。
- ENIAC制成以后，曾在莫尔学院用于数学、力学和核爆炸计算。1947年8月，被运至阿伯丁试验基地运行，完成了许多弹道计算和原子弹的计算问题，也曾用于天气预报、宇宙线研究和风洞设计。

16 Manchester Baby（曼彻斯特婴儿机）

发明者

弗雷德里克·威廉姆斯
（Frederic Williams）、
汤姆·吉尔本（Tom Kilburn）、
杰夫·图特尔（Geoff Tootill）

- 弗雷德里克·威廉姆斯（1911—1977），英国工程师，雷达和计算机技术先驱。曾获休斯奖章、法拉第奖章。
- 汤姆·吉尔本（1921—2001），英国数学家和计算机科学家，参与了5台具有重大历史意义的计算机的开发。
- 杰夫·图特尔（1922—2017），英国电子工程师和计算机科学家。曾在曼彻斯特大学电气工程系工作。

制表机结构

Manchester baby，也称为小型实验机（Small Scale Experimental Machine，SSEM），是第一台存储电子程序的计算机。它由弗雷德里克·威廉姆斯、汤姆·吉尔本和杰夫·图特尔于1948年6月在曼彻斯特大学建造。

Manchester baby包含550个真空管、300个二极管和250个五极管，功耗为3500W。长约为5.2m、宽约为2.24m，重1t。使用了3个威廉姆斯-吉尔本管，1个用于存储32字的存储器（RAM），2个分别用来临时存放中间结果和当前指令，拥有32位字长和32个字（1024位）的记忆存储。读写一个字仅需360ms，执行一条指令耗时1440ms。

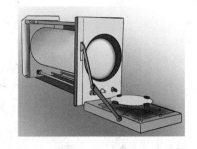

威廉姆斯-吉尔本管

　　威廉姆斯-吉尔本管中的电子束能打到荧屏的所有位置，构成一个32×32的点阵，一个亮点代表一个二进制位，共可存储32个字长为32位的字。当荧屏上的某个点位被电子束轰击，荧屏自身的电子会被撞飞出去，但很快被吸回，散落在该点位四周。这类点位代表1，没有被电子束轰击的点位代表0。

　　荧屏外侧放置一块金属片，与荧屏构成电容。电子束轰击需要读取的点位：若该点位为0，轰击撞飞电子，运动产生局部电流，在金属片上引发电压；若点位是1，点位上没有电子则轰击不会产生局部电流，金属片上不会产生电压。与金属片相连的读取电路就能区分荧屏上的二进制信息。

　　威廉姆斯-吉尔本管可以通过改变偏转电场或磁场，将电子束直接导向任意点位，可拥有更快的读写速度。威廉姆斯-吉尔本管因而也是最早的随机存取存储器。

架构设计

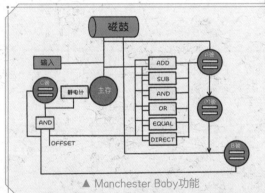

▲ Manchester Baby功能

功能示意图：展示了威廉姆斯-吉尔本管（绿色）的部署方式。C管保存当前指令及其地址；A管是累加器；M管用于保持被乘数和乘数以进行乘法运算；B管包含索引寄存器，用于修改指令。

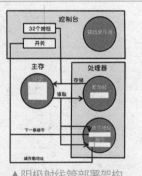

▲ 阴极射线管部署架构

Manchester Baby的设计初衷并非成为一个实用的计算引擎，而是成为威廉姆斯-吉尔本管的测试平台。威廉姆斯-吉尔本管是第一个真正的随机存取存储器，在运算上只实现减法和取反，其他运算可以通过编程的方式间接实现。一旦Manchester Baby证明了其设计的可行性，曼彻斯特大学就启动项目，将其开发成一个全尺寸的可操作机器，即曼彻斯特Mark Ⅰ。

历史意义与成就

　　1948年6月21日上午11时，Manchester Baby运行了第一个程序，这一事件被称为"现代计算的诞生"。

　　Manchester Baby是世界上第一台配备了类似于现代RAM（随机存取存储器）的计算机，能够在输入不同的指令后，立即以电子方式执行存储在内存中的不同任务和程序。同时，它也是第一台包含现代电子数字计算机所必需的所有元素的、第一台能够存储程序的计算机、第一台冯·诺依曼结构的电子计算机。

17 103机

研发者
莫根生、张梓昌

- 莫根生（1915—2017），曾任职于中科院计算所、北京市计算中心。负责研发我国第一代计算机"103机"和第一台大型通用计算机"104机"，为中国最早的通用电子计算机研制做出杰出贡献。
- 张梓昌（1921—2013），计算机工程技术专家，是中国计算机事业的早期开拓者之一，我国第一代电子计算机"103机"的技术带头人之一。在计算机服务导弹和航天事业中作出了突出贡献，培养了一代计算机工程技术方面的人才。

机器组成

103机（即DJS-1型计算机）属第一代计算机，使用了700多个电子管、2000个二极管、10000个阻容元件、400个插件，外部设备由电传打字机、苏式五单位F50型发送器改装，分装于3个机柜，占地40m²。

全机约有10000个接触点和50000个焊接点。用磁鼓作内存时的容量为1024B，字长为30位，运算速度为30次/s。改用磁心存储器作为内存以后，运算速度先后达到1800次/s、2300次/s。

我国研制电子计算机始于1956年，按照党中央、国务院的《十二年科学技术发展规划》的要求，成立了中国科学院计算技术研究所（简称"计算所"），集中了科学院、二机部十局、部队科研单位、高等院校和工厂的技术力量着手研制电子计算机。

为进一步了解计算机技术，1956年，中国组织专家赴苏联考察，双方协议提供M-3和M-20两种计算机图纸，共同决定动手仿制。仿M-3的定名为103通用数字电子计算机，仿M-20（后决定改仿B3cM机）的定名为104通用数字电子计算机。两机由计算所两支队伍分头研制，并交北京738厂试制，揭开了我国电子计算机生产的序幕。

103机试制工作从1957年下半年正式开始，1958年8月1日，全部调机工作结束。同时，于8月1日当天成功运行了4条指令的短程序，宣告我国第一台电子管数字计算机的诞生。

读卡装置

- 103机是仿苏联的M-3计算机研制的，原配是存储量很小的磁鼓，磁鼓是在苏联专家的帮助下，由738厂生产定型的，且鼓体镀膜。第一台磁鼓的磁层按照苏联配方用了镍钴合金。

- 1958年9月，镀层配方改为镍钴磷合金。鼓体转速为每分钟3000转，用磁鼓作内存的容量为1024B，字长为30位。磁鼓表面设置40个磁头。为保证磁层不被划伤又能有最好的读写效果，要求磁头与磁层间保持0.03mm的间隙，安装工作只能靠手工完成。

- 1959年，计算所的范新弼带领团队攻关拿下了磁心存储器，增加了103机的存储量，提升了运行速度。103机的磁心直径只有1.4/2.0mm。增配了磁心存储器的103机，由738厂生产，定型为DJS-1，改用磁心存储器后，运算速度先后达到了1800次/s、2300次/s。

1958年8月1日，秦鸿龄在调试103计算机，张梓昌亲自拍摄了中国计算机的第一张工作照。

历史意义与成就

103机是我国自主研制的第一代计算机，该系列一共生产了49台，完成过核武器、航空航天等研究领域的多项计算任务，也在北大、复旦等学校参与教学任务，培养专业学生数千人，在我国计算机史上有着极其重要的意义。

18 107机

研发者
夏培肃

- 夏培肃（1923—2014），女，四川省江津市人。电子计算机专家，中国计算机事业的奠基人之一，被誉为"中国计算机之母"。
- 20世纪50年代，研制成功中国第一台自行设计的小型通用电子数字计算机。
- 20世纪60年代起，开展高速计算机的研究和设计方面工作，解决了数字信号在大型高速计算机中传输的关键问题。
- 负责设计研制的高速阵列处理机，使石油勘探中的常规地震资料处理速度提高了10倍以上。
- 提出了最大时间差流水线设计原则，设计的向量处理机的运算速度比当时国内向量处理机快4倍。
- 将"bit"翻译为"位"，即"32-bit"翻译为"32位"。

研发背景

107机主要为教学服务，供学生做"原理"课上机调试实验和"程序设计"课编程上机实习。除计算机专业教学任务外，还承担了力学系、自动化系和地球物理系的教学实习任务，以及外单位的计算任务，包括潮汐预报计算、原子反应堆射线能量分布计算、原子核结构理论中的矩阵特征值及特征向量计算、自动控制中的最佳控制计算、建筑工程中的震动曲线计算等。

机器组成

107机是一台小型的串联通用电子管计算机。全机共使用电子管1280余只，功耗为6kW，机房占地面积约60m²。采用串行运算方式，机器主频62.5kHz，平均每秒运算250次。

- 107机共有6个机柜，其中中央处理机、磁心存储器和电源各占用两个，另外还有作为输入输出设备的五单位发报机一台、电传打印机一台和控制台一个。整体架构包括运算器、控制器、存储器、输入及打印设备、电源装置。
- 在107机上，开发设计的系统管理程序和应用服务程序有100多个，包括检查程序、错误诊断程序、标准子程序、标准算法应用程序和汇编语言解释程序等。

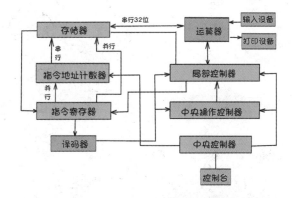

- 数字为二进制、定点，数的范围在+1与−1之间。数长32位，其中左侧第一位为符号位。符号位为0时表示正数，为1时表示负数。数的表示采用补码系统。
- 指令为一地址，每条指令长16位，每个存储单元内存放两条指令。指令中的左侧前4位为操作码，其余为地址码。地址码的最后一位表示左右，即表示本条指令存在存储单元的前16位或后16位。
- 107机全部采用国产元器件，用国产电子管组成计算机触发器电路和门电路的设计定型工作，是在第三届计算机训练班的毕业设计中完成的。
- 运算器及控制器所用的元器件为电子管及晶体二极管。存储器是容量为1024B的磁心存储器。
- 输入设备由发报机改装而成，能使穿孔卡片上的孔变成电信息。打印设备由打印机及输出控制线路构成，用51型电传打字机改装而成。

- 图中指令地址计数器内的数为要执行的指令的地址。该地址送到存储器内的地址寄存器后，要执行的指令便从存储器送到指令寄存器。
- 指令寄存器的操作码总价部分接到译码器，指令寄存器中的地址码并行送入存储器，指令地址计数器中的数也并行送入存储器，使要参加运算的数从存储器送到运算器，所以需要主脉冲和时标脉冲由中央控制器供给。
- 中央控制器的输出与译码器的输出在中央操作控制器中结合起来，送出各种信号以控制计算机的相应部分。由于计算机是串联的，每从存器取出一条指令，就需要供给脉冲。

107机是我国第一台自行研制的小型通用电子数字计算机，也是苏联撤走所有援助之后我国开发的第一台计算机。研制成功后，107机很快在全国各地投入生产安装。107机曾经连续无故障运行超过20h，创造了电子管计算机的纪录。

19 119机

- 119机采用浮点二进制，字长为44位。
- 磁心主存储器设计容量为4096B，后来研制成了16384B磁心存储器，加制了大容量主存，存取周期为6μs。
- 共64条可自动修改地址的单地址指令，每个存储单元可放1条或2条指令。
- 运算控制器的主频率为1MHz，平均处理速度为5万次/s浮点运算。
- 磁心变址存储器容量为256个15位机，其控制部件可以利用"引带"指令，自动正转或反转找到所需的数据组，在查找时，CPU可以继续当前工作。
- 磁鼓上开设输出打印缓冲区，打印机可以和CPU并行工作，也可脱机打印。

研发者

吴几康

- 吴几康（1918—2002），计算机专家。曾任职于中科院计算技术研究所。参与筹建中国科学院计算技术研究所和陕西微电子学研究所。负责研制电子管计算机"104机"、大型通用电子管计算机"119机"，还先后成功研制"东风五号"导弹用空间微型计算机、72型和77型空间微型计算机。
- 组织和参加了国内最早的小、中、大规模集成电路微型计算机的设计工作。

研发背景

　　1955年，中国启动代号为"02"的核武器研发计划，研发过程中需要进行大量模拟运算。在第一颗原子弹的研发初期，由于国外技术封锁和国内物资短缺，科学家们大量使用手摇计算机，每次模拟运算至少需要耗时两个月。中国早期的计算机便主要为"两弹一星"服务。其中具有代表性的便是中国第一台自行设计的大型通用电子管计算机"119机"。它的运算速度可以达到5万次/s，是当时世界上运行速度最快的电子管计算机之一。当时，我国的氢弹研究已经进入理论论证阶段，可以进行快速计算的119机正式加入核武器研发的行列。

　　1959年夏，119机的自行设计和研制工作正式开始。这台机器立足于当时国内的技术条件，用电子管和晶体二极管构成逻辑元件，吸收国外新型计算机设计上的长处，改进了104机在编程和使用上的不便之处，着眼于提高机器的实际解题效率。119机在1964年4月研制成功，经国家科委组织鉴定后交付使用。

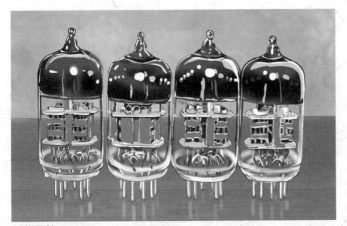

▲ 电子管

- 这是中国自制成功的第一台电子计算机存储器。存储原理是参考英国科学家提出的二次发射和用电子束的不同照射强度控制荧屏表面电荷的变化来表示二进制的"0"和"1"。
- 经过近3年的努力，由吴几康负责研制的阴极射线管存储器于1956年4月研制成功。这是中国第一个计算机的动态随机存储器部件。

电子计算机存储器

- 吴几康将德国进口的只能观测正弦波的示波器加以改装，通过增设脉冲发生器和同步装置使其成为能观测脉冲的示波器。
- 吴几康设计了宽频带放大器，使微弱信号达到逻辑运算的电平，成功地实现了存储功能：在一个普通的12.7cm示波管的屏幕上存储32×32个二进制信息，并可任意组合成汉字，如使屏幕上显示出"电子计算机"字样。

历史意义与成就

119机是我国第一台自行设计和研制的大型通用电子数字计算机，在当时还成为了世界上运行最快的电子管计算机之一。这一计算机领域中的创举，将我国的计算机自主发展历程带入新阶段，不仅对我国计算机事业的发展有着极其重要的促进作用，更是推动了我国计算技术学科的发展，同时也培养了一大批科技人才。

119机于1964年荣获国家科委授予的发明创造奖一等奖，并获国家工业新产品奖一等奖。119机在我国第一颗氢弹研制、全国首次大油田实际资料动态预报等的计算任务中均发挥了重要作用。

▼ 119机

▲ 氢弹爆炸试验

ATLAS

CDC 6600

441-B机

TX-0

109丙机

109乙机

第五部分

晶体管计算机

20 CDC 6600

研发者

西摩·克雷（Seymour Cray）

西摩·克雷（1925—1996）曾任CDC公司总设计师，在20世纪60年代成功开发了第一代超级计算机。后独自创立"克雷研究公司"，专注于超级计算机领域。被称为"超级计算机之父"。

研发背景

CDC 6600是来自控制数据公司（Control Data Corporation）的大型计算机，首先于1964年在加州大学伯克利分校的劳伦斯放射实验室投入使用。在当时主要被用于高能核物理研究，包括一部分在阿尔瓦雷斯气泡室中录摄的核事件分析。CDC 6600起初被运至位于瑞士日内瓦附近的欧洲核子研究组织，也被用于高能核物理的研究。

机器组成

- 发布时间：1964年9月。
- 高度：2m。
- 机柜宽度：0.81m。
- 机柜长度：1.71m。
- 总宽度：4.19m。
- 重量：约5.4t。

- 频率：30kW\208V\400Hz。
- 操作系统：SCOPE、KRONOS。
- 中央处理器：60位、10 MHz。
- 存储：982KB。
- 处理速度：2MIPS（每秒处理200万条机器语言指令）。
- 计算机的输入是打孔卡或七通道数字磁带。输出包括两行打印机、卡片打孔机、照相绘图仪和标准磁带。交互式显示控制台允许用户在处理数据时查看图形结果。
- 1个大型磁盘存储设备和6个高速磁鼓，作为中央核心存储和磁带之间的中间存储。
- 系统控制台采用屏幕和键盘，取代了控制台中常见的数百个开关和闪烁灯。显示器是通过软件驱动的，主要是提供3种尺寸的文本显示和简单图形绘制。控制台是矢量绘图系统，每个字形都是一系列向量。
- 控制台后面是加号形机柜的两个"臂"。内部装有各个模块。固定模块的机架采用铰链连接，每个臂最多有4个机架。右边是冷却系统。

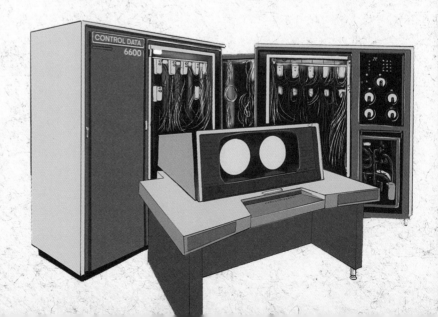

系统框架

CDC 6600使用了一个简化的CPU，旨在尽可能快地运行数学和逻辑运算，减少布线长度和相关的信号延迟。在设计上，机器采用的"十"字形主机架，CPU的电路板靠近中心布置。

得益于硅晶体管更快的开关速度，新CPU的运行速度为10MHz，比市场上其他机器快约10倍。处理器执行指令需要更少的时钟周期，例如CPU可以在10个周期内完成一次乘法运算。

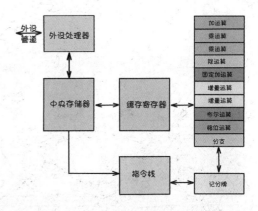

CPU包含10个并行功能单元，允许同时处理多个指令，称为超标量处理器设计。与大多数现代CPU设计不同，功能单元不是流水线的；当一个指令被"发射"时，功能单元将变得忙碌，并且在执行该指令所需的整个时间内都将保持忙碌。理想情况下，可以每100ns时钟周期向功能单元发出一条指令。系统尽可能快地从内存中读取和解码指令，通常比完成它们的速度更快，然后将它们送到单元进行处理。

RISC架构

CDC 6600采用标量架构，使用西摩·克雷小组开发的指令集。一个CPU交替处理指令的读取、解码和执行，每个时钟周期处理一条指令。利用简单的寻址模式和固定长度的指令以流水线方式重叠执行多个指令。通过允许CPU、外围处理器（PP）和I/O并行运行，大大提高了机器的性能。其中处理器执行相对简单的指令，对内存的访问有限且定义明确。其具有以下特点：

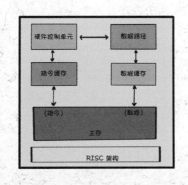

- 高级语言编译器可以生成更有效的代码。
- 允许自由使用处理器上的空间。
- 使用寄存器来传递参数和保存局部变量。
- 使用易于流水线化的固定长度指令。
- 操作速度最大化，执行时间最小化。
- 所需的指令格式数量、指令数量和寻址方式也很少。

历史意义与成就

CDC 6600被认为是世界上第一台研制成功的超级计算机，它每秒可进行100万次浮点运算，速度几乎是之前最快的计算机的3倍。从1964年到1969年，CDC 6600一直是世界上最快的计算机，随后被CDC 7600超越。CDC 6600的研发者西摩·克雷也被称为"超级计算机之父"。

21 TX-0

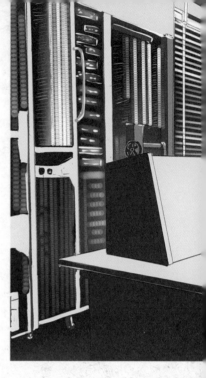

研发者
韦斯利·克拉克（Wesley Clark）

- 韦斯利·克拉克（1927—2016），美国物理学家、计算机设计师，与查尔斯·莫尔纳一起参与设计第一台现代个人小型计算机LINC而受到赞誉。
- 1981年，因在计算机架构方面的工作获得埃克特-莫切利奖。于1984年被华盛顿大学授予荣誉学位。1999年被选为国家工程院院士。IEEE因其发明"第一台个人计算机"而授予其计算机先锋奖。

LINCOLN LABORATORY
MASSACHUSETTS INSTITUTE OF TECHNOLOGY　　　　　ＭＩＴ

研发背景

　　TX-0计算机由麻省理工学院和林肯实验室的工程师设计建造，建造始于1955年，并于1956年结束。20世纪60年代期间一直在麻省理工学院使用。最早是为实验全晶体管化制造大存储计算机的技术。TX-0本质上是冷战时期林肯实验室设计的真空管计算机"旋风一号"（Whirlwind I）的晶体管化，是早期的全晶体管计算机。在体积上，"旋风一号"计算机可以塞满整个大房间，而使用了晶体管技术的TX-0体积小到一个房间可以装下。在性能方面，TX-0计算机拥有更快的速度和更大的存储空间。

　　TX-0总共使用了3600个晶体管，其超大（64KB RAM）内存、速度和可靠性使其在1957年全面运行时成为世界上最先进的计算机之一。

机器组成

- TX-0配备矢量显示系统，该系统包含一个12英寸的示波器，工作区域尺寸为7英寸×7英寸连接至计算机的18位输出寄存器，显示分辨率高达512×512荧屏位置的点和矢量。
- TX-0具有64KB的18位磁心存储器。前两位用于指定指令，其余16位用于指定特殊"操作"指令的内存位置或操作数。指令包括基本集合的存储、添加和条件分支。可以单独使用或一起使用指令，以提供更多组合功能。每添加一条指令需要 10μs。
- 工程师（韦斯利·克拉克）负责逻辑设计，工程师（肯·奥尔森）负责监督工程开发。

晶体管

TX-0包含大约3600个晶体管，这是第一个适用于高速计算机的晶体管。这些晶体管被封装在插入式真空管中，用于测试和轻松拆卸。相比于集成电路，这种晶体管体积较大，很难达到很高的集成度。但在当时，相比于电子管，晶体管质量更轻。

随着TX-0的成功研制，研究人员的工作立即转向更大、更复杂的TX-1项目。然而，项目由于过于复杂被重新设计成简化的形式，最终在1958年作为TX-2交付。由于当时核心内存非常昂贵，TX-2项目使用了原本属于TX-0的部分内存。

TX-0于1958年7月被"半永久"借给麻省理工学院电子研究实验室（RLE），成为研究的核心，并最终演变成麻省理工学院人工智能实验室。

大约一年半的演进之后，TX-0的指令位数翻了一番，达到了4个，总共允许执行16条指令。还加入了一个变址寄存器，极大地提高了机器的可编程性，但仍然为以后将内存扩展到8KB留下了发展空间（4个指令位和1位索引标志留下了13位用于寻址）。新修改的TX-0用于开发大量的计算进步，包括语音和手写识别，以及处理此类项目所需的工具，包括文本编辑器和调试器。

历史意义与成就

TX-0是世界上最早的晶体管计算机之一，它为早期人工智能技术的探索做出了重要贡献，参与过语音识别、手写识别等多种大计算量的运算任务。

作为人工智能研究的重要标志，TX-0出现在1961年哥伦比亚广播公司的电视纪录片《思考的机器》和次年出版的同名书籍中。

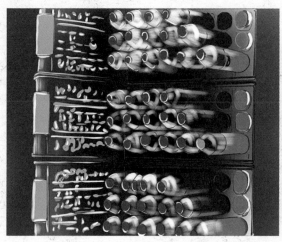

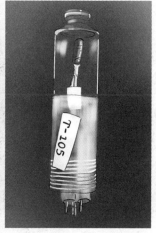

TX-0所使用的Philco ▶
晶体管

22 ATLAS

ATLAS是第二代计算机，使用离散的锗晶体管。ATLAS有3种生产版本，其中第一台交给曼彻斯特大学；第二台于1963年交付给BP-伦敦大学联合财团；第三台是最大的，于1964年交付于在哈威尔附近奇尔顿的科学研究委员会实验室。

研发者
汤姆·吉尔本（Tom Kilburn）
巴斯蒂安·德·费兰蒂（Sebastian de Ferranti）

- 汤姆·吉尔本（1921—2001），英国数学家、计算机科学家。参与了5台具有重大历史意义的计算机的开发。在曼彻斯特大学工作期间，他与弗雷迪·威廉姆斯一起研究了威廉姆斯·吉尔本管和世界上第一台电子存储程序计算机Manchester Baby。将英国和曼彻斯特推向了新兴计算机科学领域的前沿。
- 巴斯蒂安·德·费兰蒂（1864—1930），英国电气工程师和发明家。

机器简介

- ATLAS采用60 000个晶体管，300 000个二极管和40种电路板类型，与IBM的"Stretch"竞争，成为20世纪60年代早期最快的超级计算机。
- ATLAS是一台快速通用的大型电子计算机，采用二进制计算，字长为48位二进制位码。该机全部采用单地址指令，每个单元放一条指令，运算指令可进行双变址。
- 机器安装有磁心存储器作为工作存储器。工作周期为2μs，读写时间为0.75μs。第一台计算机安装有16 384个单元，最多可扩充到131 072个存储单元。
- 机器安装有多达20种各类型的输入/输出设备和8台磁带机与主计算器同时操作。
- 将高速存储器和并行操作结合，从而获得高计算速度。
- 16K字核心存储（存储容量相当于96KB），具有奇偶地址交错的特点。8K字的只读存储器；包含主存储和额外代码。
- ATLAS计算机不但具有现代大型计算机设计中采用的若干技术特点，还采用固定存储器，广义指令固定程序和数据在主存储器中安放等方案，机器规模大、结构紧凑，速度高、容量大，易于使用和扩展。

ATLAS是当时世界上运行最快的计算机，引入了"虚拟内存"的概念，使用磁盘或鼓作为主内存的扩展。这是每个ATLAS中使用的500个逻辑模块之一。

最初称为"单级存储"，ATLAS通过在小型快速主核心存储和大型、慢速磁鼓之间自动传输代码和数据，给每个用户一种拥有非常大的快速内存的错觉。

Extracode技术

- 48位机器指令的最高10位是操作码。如果最高有效位设置为零，则这是由硬件直接执行的普通机器指令。如果最高位设置为1，则这是一个Extracode。

- Extracodes是程序可以与Supervisor通信的唯一方式。
- Extracode程序代码存储在ROM中，可以比存储在核心存储中更快地被访问。

软件

- ATLAS Supervisor被许多人认为是第一个可识别的现代操作系统。
- ATLAS上最早可用的高级语言之一被命名为ATLAS Autocode，支持Algol 60、FORTRAN、COBOL以及ABL等语言。
- SPG编程语言在运行时可以为自己编译更多的程序。可以定义和使用宏。

硬件/软件集成

- ATLAS被设想为一台包含综合操作系统的超级计算机。硬件包括支持操作系统的特定功能。
- Extracode程序和中断处理程序都有专用的存储、寄存器和程序计数器；从用户模式到额外代码模式或执行模式，或从额外代码模式到执行模式的上下文切换非常快。

第一台ATLAS在英国曼彻斯特大学安装，有4个4096磁心存储器、4台磁鼓、8192个单元固定存储器，磁心存储器中约有1000个单元可作为补助存储器。

ATLAS是世界上最早的超级计算机之一，从1962年使用到1971年，被认为是当时世界上最强大的计算机之一。

ATLAS是第一台使用分页技术的具有虚拟内存的机器，自此，分页思想迅速传播，现在已经成为计算机基本技术之一，被目前几乎所有的计算机采用。ATLAS所搭载的ATLAS Supervisor被许多人认为是第一个可识别的现代操作系统。

23 109乙机

研发者
蒋士騛

- 蒋士騛（1924—2011），1946年交通大学毕业，1952年获美国加州大学博士学位，在美国RCA公司计算机部任高级工程师，研制数字计算机及外部设备。
- 曾任国务院科学规划委员会计算技术和数学规划组委员，中国赴苏计算技术考察团成员，中科院计算所筹备委员会委员，中科院计算所研究员，北京京海集团公司总工程师，中国计算机学会理事长。
- 参与并成功研制我国第一台大型通用电子管计算机。

研发背景

我国人造地球卫星工程预研是从1958年开始的，为此成立了"581组"。原子弹和卫星是国家重大发展战略，计算机是两弹工程的重要技术保障。为确保任务完成，中科院计算所兵分两路同时出击，增加了保险系数。安排使用两种元器件各制一台性能相同的计算机：使用电子管的为109甲机，后改称119机；使用晶体管的为109乙机。之后又研制了109丙机。蒋士騛被确定为负责人。

机器简介

- 1958年，中国科学院计算技术研究所启动109乙机的研制计划，于1959年9月开始研制，1965年研制成功。
- 1965年6月5日，"109乙"大型通用晶体管计算机通过国家科委鉴定，每秒运算6万次，机器平均稳定运行时间从10h提升到17h。
- 109乙机的鉴定工作从1965年5月22日开始至6月5日结束，持续两周，每天"交机"24小时，其中算题时间占92.6%，平均连续稳定工作时间为10小时3分钟，最长连续工作时间为44小时36分钟。
- 109乙机形成的设计法则和生产流程，有利于缩短设计周期，提高工艺质量。

▼ 109乙机

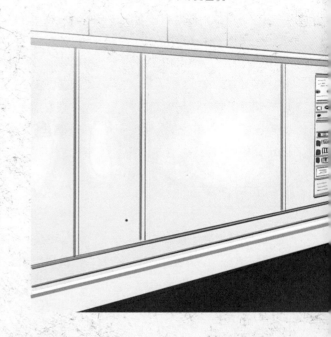

1958年8月，为研制109机，我国第一个半导体器件生产厂成立，被命名为"109厂"，作为高技术半导体器件和集成电路研制生产中试厂，归属中国科学院应用物理所。厂址位于北京市东城区大取灯胡同3号。

1958年9月，中科院"半导体研究室"成功研制了中国第一批锗合金扩散高频晶体管，截止频率达到150~200MHz（晶体管的截止频率是其性能的一个重要参数，在频率高于截止频率的电路中，晶体管不能正常工作），被命名为"π401型"高频晶体管。"π401型"高频晶体管的截止频率是当时国内锗合金晶体管的100倍。

锗合金扩散高频晶体管的成功研制，为我国电子计算机从第一代（电子管）升级到第二代（晶体管）提供了充分条件。达到新中国当时研制非电子管的新型电子计算机所需器件的要求，满足了当时国家研制这种晶体管化电子计算机的急需。至此，在新中国一穷二白的土地上，结束了电子技术的电真空时代，进入了固态电子的新纪元。

109厂为研制109乙机提供了12个品种、14.5万只锗晶体管，完成了该机所需的元器件的生产任务。

▲ "109厂"旧址

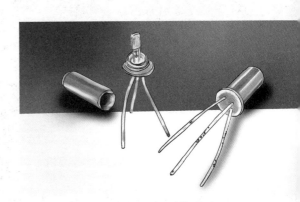

▲ 锗晶体管

历史意义与成就

109乙机是我国第一台大型晶体管计算机，先后被安装在二机部（核工业）和七机部，工作长达15年，被誉为"功勋计算机"。同时，109厂研制的百兆高频合金扩散晶体管，填补了我国没有半导体晶体管的空白，为我国研制晶体管计算机整机奠定了基础。

24 441-B机

研发者

慈云桂

- 慈云桂（1917—1990），安徽桐城人，从湖南大学本科毕业后，考入清华大学无线电研究所攻读研究生。后担任哈军工海军工程系教育副主任。
- 长期从事无线电通信雷达和计算机方面的教学和科研工作，成功研制中国第一台专用数字计算机样机、中国第一台晶体管通用数字计算机441-B-I型，以及441-B-II型、441-B-III型大中型通用晶体管计算机，促进了中国计算机事业的发展。
- 主持建成了雷达和声呐实验室，研制了中国早期的舰用雷达和声呐，培养了中国第一批舰用雷达和声呐工程师。
- 成功研制200万次的大型集成电路通用数字计算机151—3/4型。成功领导研制中国第一台亿次级巨型计算机"银河一号"，标志着我国进入了国际巨型计算机的研制行列，使中国计算机事业进入了一个新阶段。

研发背景

中国第一台通用晶体管计算机（441-B机）由哈尔滨军事工程学院（哈军工）慈云桂教授领导研制成功，历时近4年（1962—1965），1965年4月26日，441-B机通过国防科委鉴定。

该机的最大特点就是高可靠性和高可维护性——1966年北京举办计算机展览，恰逢邢台大地震，441-B机是唯一不受地震影响，稳定运行的计算机。该系列机型平均使用15年以上。

441-B机还有一个专用机的变种：441-C型数字高炮射击指挥仪。在1972年6月12日的射击对比实验中，国产441-C型数字高炮射击指挥仪彻底击败仿苏联的六型指挥仪。441-C型数字高炮射击指挥仪定型为59式57-1数字式高炮指挥仪。

机器简介

- 441-B机是采用国产半导体元器件成功研制的中国第一台通用晶体管计算机。计算速度为每秒8000次，样机连续工作268小时未发生任何故障。
- 441-B机于1965年被改进为每秒计算2万次。
- 441-B机是我国第一台具有分时操作系统和汇编语言、FORTRAN语言及标准程序库的计算机。

441-B机 ▶

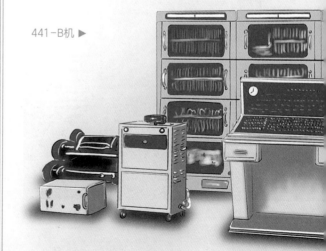

电子计算机存储器

中国人民解放军军事工程学院四系四〇四教研室的康鹏成功研发"隔离-阻塞振荡器"（后被命名为"康鹏电路"），解决了晶体管的稳定性问题，使中国比美国仅晚8年进入晶体管时代。"康鹏电路"问世后，109厂开始量产晶体管。

当时，欧美国家解决"信号竞争"的主要手段是依靠逻辑方法，用4个逻辑门来实现隔离阻塞，一个触发器就要用20个晶体管；另一个手段是用延迟线，会影响计算速度。而康鹏不选择延迟线，也不会过度地使用晶体管，创造性地利用晶体管内部自身的性能完美地解决了隔离阻塞。

在解决晶体管制造难题后，哈军工于1964年成功研制出新中国第一台通用全晶体管计算机441-B-I，比美国的第一台通用全晶体管计算机RCA 501晚了6年。

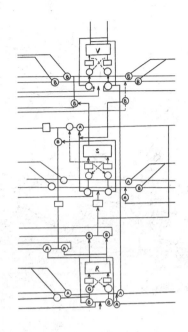

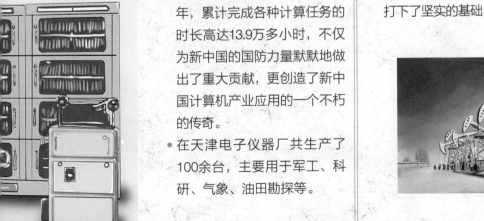

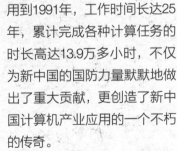

- 中国白城兵器试验中心大胆采用具有当时新中国创新技术的441-B型晶体管电子计算机，并且不断努力把磁带机、摄影经纬仪、电影经纬仪、宽行打印机、卡片机、绘图机等信息输入设备与441-B机相连，不仅实现了一机多用，也为国家节约了数百万元经费。
- 这台441-B机自从1966年投入使用后，一直稳定地使用到1991年，工作时间长达25年，累计完成各种计算任务的时长高达13.9万多小时，不仅为新中国的国防力量默默地做出了重大贡献，更创造了新中国计算机产业应用的一个不朽的传奇。
- 在天津电子仪器厂共生产了100余台，主要用于军工、科研、气象、油田勘探等。

历史意义与成就

441-B机是我国第一台大型晶体管计算机，有力地推动了我国半导体工业和计算机工业的快速发展。它的成功研制，标志着我国计算机成功从第一代电子管计算机演进到第二代晶体管计算机。同时，其中的许多技术和经验也为后来我国半导体集成电路和第三代集成电路计算机的成功研制打下了坚实的基础。

25 109丙机

研发者
高庆狮

- 高庆狮（1934—2011），福建漳州人，中国科学院院士、计算科学家、计算机设计专家。1957年毕业于北京大学数学力学系。计算技术领域最早的两名院士之一。
- 我国第一颗人造卫星地面计算控制中心早期设计负责人之一。
- 我国第一台自行设计的大型通用电子管计算机和第一台大型通用晶体管计算机体系结构设计负责人之一。
- 我国第一台具有分时–中断系统，专为"两弹一星"服务的晶体管计算机（109丙机）体系结构设计负责人。
- 我国第一台超大型向量计算机新体系结构原理提出者和总体设计负责人。
- 我国第一个管理程序（在109丙机上）的总体设计负责人。

▼ 109丙机

研发背景

- 1967年，为了发展我国"两弹一星"工程，由蒋士骕领衔自行设计的一台专为"两弹一星"服务的计算机——109丙机交付使用，这台计算机的使用时间长达15年，被誉为"功勋计算机"，是中国第一台具有分时、中断系统和管理程序的计算机，同时中国第一个自行设计的管理程序就是在它上面建立的。
- 109丙机是20世纪60年代中期中国自行设计的比较成熟的大型计算机，字长为48位，平均运算速度为11.5万次/s。机器性能好、工作稳定，共生产两台，分别安装在二机部供核弹研究用和七机部供火箭研究用。到20世纪80年代末，使用近20年。该机完成的计算任务包括：第一代核弹的定型和发展，"东方红一号"卫星的轨道论证，运载火箭各型号从方案设计、飞行试验、飞行精度分析到定型的大量数据，有效算题时间达10万小时以上，被誉为"功勋机"。

机器简介

- 109丙机采用磁心主存储器，容量为32768k×32位；磁心变址存储器，变址容量为128k×32位，存储周期为800ns，使用901型含有铋元素记忆磁心；半固定存储器使用108型双轴记忆磁心。
- 109丙计算机采用自行设计的管理程序。

磁心板

1963年，为了满足109丙机的高速变址磁心存储器的要求，开始进行"部分翻转方案"的实验工作，在理论上完成提高存储速度的可行性研究，确立读写方案，最终试制出了磁心测试台。在理解了部分翻转的含义后，加入氧化铋、氧化镉的材料试验，试制成功并生产了中计901型0.8mm×0.5mm含有镧铋元素的记忆磁心。

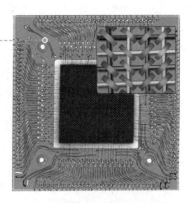

中计108型双轴记忆磁心，双轴记忆磁心是长方形立体错开垂直孔的异形结构，用于半固定存储器。被应用于109丙机需要的主存、变址、半固定磁存的元件。250万个1.2mm×0.8mm "中计102型磁心"采用电桥差分数字放大器技术，实现自动控温，提高保温精度达到十万分之三。

应用成果

109丙机稳定可靠，性能良好，成功地使用了近20年，在导弹、原子弹、氢弹、卫星等国家重点工程的研制，"东方红一号"人造卫星的飞行轨道计算，中国第一代核弹的定型和发展的计算工作中，起了关键性作用。

109丙机共生产了两台。按照国防科委要求，1968年又成功复制一台109丙机，交付七机部使用，机器代号为"015机"。这台机器运行16年，工作稳定，总共开机9万多小时，有效机时8万多小时，历年交机率平均为90%。它为我国航天战略武器、运载火箭的多个型号的方案设计和定型生产的多个阶段的理论计算，提供过大量重要数据和决策依据；在我国航天事业的发展历史上发挥了重要作用；还为我国核武器的研制工作做出重要贡献。

历史意义与成就

109丙机是我国第一台具有分时、中断系统和管理程序的计算机，在其上建立了我国第一个自行设计的管理程序，其技术指标和主要设备都具有当时国内最先进的水平。

自1967年9月研制成功并交付使用后，这台机器工作了15年，有效算题时间超过10万小时，为我国"两弹一星"的研制做出了重要贡献。

▲ "东方红一号"人造卫星　　▲ 原子弹爆炸

DJS-130机

天河一号

IBM System/
360

长城0520CH

曙光4000A

150机

银河一号

神威·太湖
之光

ILLIAC-IV

曙光一号

第六部分

集成电路计算机

26 IBM System/360

研发者

弗雷德里克·布鲁克斯
（Frederick Brooks）

- 弗雷德里克·布鲁克斯（1931—），美国计算机架构师、软件工程师和计算机科学家，曾任IBM系统部主任，主持开发IBM System/360系列计算机和OS/360软件。
- 获得1985年的"美国国家技术奖章"、1993年的IEEE"约翰·冯·诺依曼奖章"以及1999年的"图灵奖"。

机器简介

- 制造商：IBM。
- 类型：大型计算机。
- 发布日期：1964年4月7日。
- 停产时间：1978年。
- 型号：共6个处理器型号，性能范围相差50倍。
- 外围设备：54种设备包括多种类型的磁存储设备、显示设备、通信设备、读卡器和穿孔卡片、打印机以及光字符阅读器。
- 操作系统：BOS/360、DOS/360操作系统。
- 存储：8 KB～9 MB（核心内存）。

研发背景

- 1964年4月7日，IBM推出世界上首个采用集成电路的通用计算机系列IBM System/360，它兼顾了科学计算和事务处理两方面的应用，各种机器能相互兼容，并能满足不同用户的需要，具有"全能手"的特点，正如罗盘有360个刻度一样，所以取名为360。
- 1968年，IBM System/360 85型引入了高速缓存存储器，访问数据速度是原来的12倍，并且为今天处理器芯片中的高速缓存技术打下基础。IBM System/360的所有系统都使用微码实现指令集，该指令集具有8位字节寻址和二进制、十进制和十六进制浮点计算。
- IBM System/360系列引入了IBM的固态逻辑技术（SLT），该技术将更多晶体管封装到电路卡上，从而可以构建功能更强大但体积更小的计算机。
- 1964年发布的最慢的IBM System/360 Model 30可以每秒执行多达34 500条指令。高性能型号后来陆续推出，比如1967年的IBM System/360 Model 91每秒可以执行多达1660万条指令。

▼ IBM System/360

• IBM System/360在市场上非常成功，允许客户先购买小系统，如果客户需求增长，则可以很方便地迁移到更大的系统，而无须重新编写应用程序或更换外围设备。

核心器件

IBM System/360磁带驱动器

IBM System/360高端系列包括67型号、85型号、91型号、95型号和195型号。85型号是IBM System/360和IBM System/370之间的过渡产品，是IBM System/370 165型号产品的基础。值得一提的是，IBM System/370也有195型号的版本，但它不含有DAT动态地址转换功能。

IBM System/360的44个外设中包括2311磁盘存储驱动器。每个可移动磁盘组存储7.25MB。

IBM System/360 65核心存储单元

后来出现更为廉价的20型号（1966年）、22型号（1971年）和25型号（1968年）。22型号是30型号的缩水版：配备更小的内存和数据处理能力更低的I/O通道，以及更少的硬盘和磁带容量。1966年推出的44型号是专门针对中档科学应用领域的大型机，配备有较高硬件浮点但指令集较为有限。

IBM System/360铁氧体磁心存储器

IBM System/360的铁氧体磁心存储器制造起来极为棘手。该平面包含1536个存储器磁心。

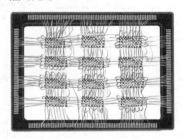

历史意义与成就

IBM System/360是第一个能够覆盖商业、科研等几乎所有应用领域的计算机，允许客户直接使用应用软件，无须重新编程。从此，人们不再局限于使用计算机自动完成特定任务，而是使用计算机系统地管理复杂的流程。而且，IBM以IBM System/360为契机，开创了计算机兼容的时代，允许自己产品线上的以及其他公司的不同型号的机器运行相同的程序。

IBM System/360的成功研制标志着基于集成电路的第三代计算机正式登上历史舞台，它所使用的基本技术概念仍是目前通用计算机领域的重要组成部分。

27 150机

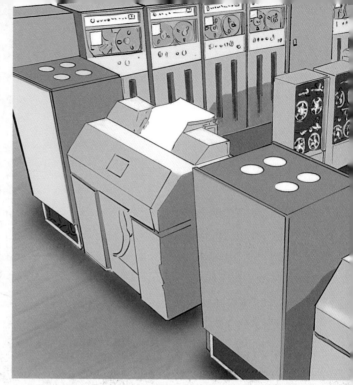

▲ 150机

研发者
孙强南

- 孙强南（1931—），计算机技术专家。参加了我国第一台计算机（103机）的生产和改进，作为主持设计师完成了我国第一台每秒运行百万次的集成电路大型计算机DJS-11（150机）的研制，对推动我国计算机生产和应用的发展作出了重大贡献。在开展对外学术交流活动中作出了开拓性贡献。

- 从1958—1978年的20年间，他先后参加或主持领导过6种电子计算机的设计、试制工作。依次有：使用电子管的DJS-1（103）和DJS-3计算机，使用晶体管的DJS-7（127）和DJS-K1（131）计算机，使用集成电路的DJS-11（150）和DJS-260计算机。这6种计算机都是当时的主流产品。

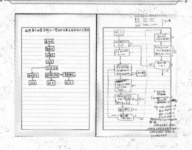

研发背景

- 1968年，国家为了开发石油，由石油部、四机部共同设立了"150工程"，并签订了合作协议，确定了为这项工程研制一台大型计算机"150机"的计划。1969年年底前，设计团队基本完成了150机的总体框图和指令系统的设计，开始各大部件的设计，并且基本选定了配套元器件和外部设备的提供单位。1969年10月，国务院决定将150机的研制列为国家重点科研项目，研制单位增加了北京大学，研制地点也改在北京大学。

《150机设计任务书草案》

- 浮点运算达100万次/s。

- 采用集成电路和厚膜电路。

- 一台通用计算机，并在此基础上能不断添加和更换新设备，发展新算法。

- 采用先行控制、交换器、多存储体并行调度、指令重叠执行等新技术。

- 在硬件上引入多道程序技术，提高并行处理能力，为发展操作系统软件新技术提供条件。

- 1972年，150机完成了全机联调，并通过了3000多小时

机器简介

- 150机的尺寸：整个150机系统规模庞大，11个2米来高的主机机柜，加上其他的控制机柜，大大小小共有25个。还有通用的外部设备9种共22台以及用户的专用外部设备。占地200多m²。还有发电机组等电源设备，被安装在另外的电源机房内。
- 我国第一台每秒运算百万次的集成电路电子计算机，150机系统规模庞大，全机使用了小规模集成电路58 000多块、厚膜电路7700多块、存储器磁心800万颗。
- 150机并不是一台裸机，而是一种硬软件相结合的计算系统，配有丰富的软件，包括了操作系统（管理程序）语言编译、符号汇编的3套程序和地震处理专用软件。
- 配有光电输入机、控制台打字机、绘图仪、磁带机、磁盘机等多种通用外部设备和一些专用外部设备。

历史意义与成就

的试算考验。《人民日报》在1973年8月27日头版上刊登了《我国第一台每秒钟运算百万次的集成电路电子计算机试制成功》的消息。150机于1973年10月10日通过验收，正式交付给使用单位，从11月开始试生产。

- 1974年4月2日，150机完成了第一张数字地震剖面图，被石油部赞誉为"争气剖面"。1975年7月，石油部使用150机处理数据，最终发现了华北油田。150机研制成功后，共生产了4台，在石油、地质勘探等领域做出了长期巨大贡献后，于1994年正式退役。

- 150（DJS-11）机是我国第一台每秒运算百万次的集成电路电子计算机。
- 在1978年党中央和国务院召开的全国科学大会上，150机荣获了"全国科学大会奖"。
- 1979年9月，获得了时任国务院总理华国锋签署的"国务院嘉奖令"，这是第一次以国家名义颁发奖项。
- 150机软件系统的研制开创了我国计算机软件事业的先河。
- 20世纪末，150机有幸作为"对中华文明发展起促进作用的重要历史事件"的7种计算机之一，镌刻在中华世纪坛前记述中华5000年历史的青铜甬道上，在1973年的铭文中可以看到"第一台每秒运算百万次的电子集成电路计算机研制成功"的文字。
- 2009年10月，庆祝中华人民共和国成立60周年之时，中共中央党史研究室与新华社合作编发了《中华人民共和国大事记（1949—2009）》，全国有两种电子计算机的研制成功入选为国家60年间的大事，150机就是其中之一。

▲ 数字地震剖面图

28 DJS-130机

研发者

王选

- 王选（1937—2006），计算机文字信息处理专家，中国科学院院士、中国工程院院士，计算机汉字激光照排技术创始人，当代中国印刷业革命的先行者，被称为"汉字激光照排系统之父"。获2001年度国家最高科学技术奖，2009年被评为"100位新中国成立以来感动中国人物"。
- 参与DJS系列计算机的研制工作：1965年，参与DJS-21机的ALGOL 60编译系统设计工作，国内最早得到真正推广的高级语言编译系统之一；1972年，解决DJS-150机遇到的磁带纠错难题。

研发背景

- 1973年5月，第四机械工业部宣布成立中国DJS-100系列机联合设计组，开始进行该系列第一个中档机型DJS-130机的联合设计。DJS-130小型机是中国DJS-100系列小型机的主要型号，被认为是DJS-100系列机的"标准机"。
- 设计工作于1973年6月正式开始，1974年1月完成了全部逻辑设计和工程设计，样机的加工组装在北京无线电三厂进行，分调与总调在清华大学完成。样机于1974年7月试制成功，1974年8月通过了国家鉴定。

机器简介

- DJS-130是一台小型多用途计算机，结构简单、体积小、操作维护方便、可靠性高，其外部设备连接灵活方便，没有特殊的环境要求，在常温和220V交流电压的供电系统下即可运行工作。
- DJS-130已达到NOVA 1200的技术指标，软件上可以和NOVA 1200的程序完全兼容。国内首先采用了双面大印制版结构，减少接焊点，提高可靠性。
- 总体和逻辑设计上，采用16位全并行运算处理器，标准的输入/输出总线等方法。全面采用国产小规模集成电路，如D触发器、双门、内存储读出放大器和磁心驱动器等。
- 内存储（磁心）器设计首次采用三度三线法平面化结构方案，内存达到4~32KB，采用保加利亚进口的5MB单片活动硬盘、磁盘驱动器，装载RDOS实时磁盘操作系统。

▼ DJS-130机

- 可挂接62种外部设备，如纸带输入机、纸带穿孔机、控制打字机、宽行打印机、字符显示器、绘图仪、磁带存储器、磁盘存储器、制表机、光电输入机。
- 运算速度：定点加法达50万次/s。
- 基本指令：22条等长指令，可组合成2000条指令。

DJS-130机逻辑电路蓝图（一套）（1975年）

电子科技大学计算机学院保存的DJS-130机的技术图纸（技术蓝图装订版十余卷），如实记载反映了当时DJS-130机的系统设计，包括运算、控制、存储、外设、显示、打印、电源等的逻辑电路图、电原理图、接线图等，以及技术特性、器件选择、图示标记等。更展示了当时技术图纸的绘制、描图、晒图等工艺过程。是国产计算机的宝贵历史记录和材料。

图像处理应用

1980年12月，电信传输研究所计算机组利用DJS-130机做出全国最早的图像处理系统，可以使用FORTRAN语言对传真照片进行各种压缩和数据处理。

如左图所示的这张新华社的新闻照片被当作试验样片，经扫描、数字化、存储到硬盘，再输出成像，这张6英寸照片就是我国最早的数字输出处理原件之一，图像系统的灰度数值为0或256时，网格黑白随之变化（图像处理试验，调控灰度参数实例）。

上图为最早的用国产计算机输出的数字照片，黑白方格是改变程序参数得到的试验样片。

- 配置的软件有ALGOL 60、FORTRAN V、实时 FORTRAN IV、扩展BASIC、BATCH、扩展汇编程序、宏汇端程序等。

历史意义与成就

DJS-130机从设计到鉴定通过仅用了一年多的时间。此后，此中档机型又开发了DJS-131、131-II型、131-III型机（多功能机）及双机系统等，是当时国内产量最大且应用面广、系统稳定的国产电子计算机（占全国100系列机的35%以上）。应用于邮电、电力、铁路、通信、医疗、地震、科研、交通、工业和国防建设等领域，遍及全国23个省市。

DJS-130机开创了我国计算机工业系列化设计与生产的先河，该系列机器在中国计算机发展史上具有非常重要的历史意义。DJS-130机获得1978年的"全国科技大会奖"和四机部、国防科委等部委颁发的"科技成果奖"。

虚拟现实技术与系统国家重点实验室（北京航空航天大学）计算机博物馆保存的一台完整的DJS-131小型机，被CCF认定委员会认定为"CCF中国计算机一类历史记忆"。

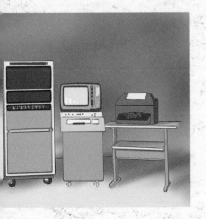

29 ILLIAC-IV

研发者

丹尼尔·斯洛特尼克
（Daniel Slotnick）

- 丹尼尔·斯洛特尼克（1931—1985），数学家和计算机架构师。1958年与约翰·科克共同发表的论文中，首次讨论了在数值计算中使用并行性。他后来担任ILLIAC IV超级计算机的首席架构师。
- 20世纪70年代早期，任DARPA首席研究员。
- 1987年第一期《超级计算》杂志包含对斯洛特尼克的致敬内容。

机器简介

- ILLIAC是一台采用64个处理单元在统一控制下进行处理的阵列机。为了以较低的成本得到很高的速度，中央处理装置被分成了4个可以执行单独指令组的控制器，每个控制器管理数个处理单元。

研发背景

- ILLIAC IV是由美国制造的第一台大规模并行计算机，有64个处理器，每个处理器都有自己的内存，所有处理器可同时处理一个问题的不同部分。该系统最初设计为具有256个64位浮点单元（FPU）和4个中央处理单元（CPU），能够每秒执行10亿次操作。但由于预算限制，仅构建了具有64个FPU和单个CPU的单个"象限"。
- 由伊利诺伊大学设计、Burroughs公司建造，花费6年时间完成，耗资4000万美元。
- ILLIAC IV于1971年交付给位于旧金山郊外的美国国家航空航天局艾姆斯研究中心。1975年11月，ILLIAC IV连接到ARPANET供分布式使用，成为首台网络可用的超级计算机。
- 1981年9月7日，在运行近10年后，ILLIAC IV被关闭，于1982年正式退役。
- ILLIAC IV是当时使用的最快的机器，其性能是CDC 7600的2~6倍，但受限于技术问题，LLIAC IV很难用于编程。

- 总共有256个处理单元。每个处理单元可以作为一个运算和逻辑装置，具有2048字（每字64位）存储器，并能和其他处理单元发生联系。
- 运算和逻辑功能被分配在256个处理单元上，ILLIAC可以同时完成很多类型数据结构的操作。存储器周期小于300ns，机器性能处理64位的浮点加法耗时250ns，处理2个64位的浮点乘法耗时450ns。

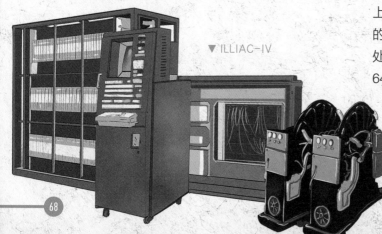

▼ ILLIAC-IV

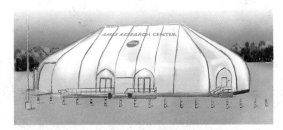

▲ 美国国家航空航天局艾姆斯研究中心

作数。执行运算操作时，操作数分别被放在两个寄存器中，结果被留在其中1个寄存器中。另有1个寄存器作为暂用存储器，以防止调用中间结果时重复地调动存储器。第4个寄存器用于传送程序时处理单元之间的信息转换。

控制器：

机器语言指令是32位的，控制器中的64字（每字为64位）提供128条指令的组合，多至128条指令循环执行时无须与存储器打交道。64字被分成8组，每组8个字。当控制器正在执行的指令进入8个字的第5个字时，检验下一组8个字是否已经放入控制器，如果还没有进入控制器，则发出命令将其送入控制器，同时清除原先的8个字。这个机制有效地减少了由于取指令而产生的大量延迟。

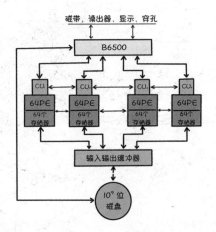

结构设计

立体型计算机的功能特点：

① 保存操作数和指令的存储器。

② 一台控制器从存储器中取出指令，对指令进行编译，发出操作或驱动的控制信号。

③ 一台运算器对从存储器中取出的操作数进行运算（加、逻辑操作、乘），并将结果送回存储器。控制器会监视和控制存储器与运算器之间的信息流动情况，并对运算器进行操作。

ILLIAC-IV控制器的工作方式与立体型计算机中控制器的工作方式相似，指令从存储器发送至控制器，并在其中执行，然后产生微序列信号。这种微序列信号重复64次，每组送到一个单独的运算器中。同样的信号控制64个不同的运算。

系统结构：

由4个单独的处理单元（图示中的CU）组成，每个CU驱动带有64个存储器。各CU的连接线允许所有的CU精确地执行同一指令流，在联合操作时，程序传送是跨象限的，且首尾相接。

处理单元：

一个具备4个64位字长寄存器的运算器。2个寄存器用于存放运算操作和逻辑操作的操

历史意义与成就

- 第一台全面使用大规模集成电路作为逻辑元件和存储器的计算机，标志着计算机的发展已到了第四代。
- 第一台大规模并行计算机、第一台使用固态存储器的大型计算机，以及迄今为止制造最复杂的计算机，拥有超过100万个门。

30 长城0520CH

- 1983年，电子工业部计算机管理局就开发出了长城0520B和0520A，形成了年产10 000台的生产规模。到1984年的下半年，全国对计算机还没有形成强烈的需求，长城微机陷入了"产销脱节、产品积压"的困境。原电子工业部计算机管理局副局长王之大胆引进国际先进技术，建立中国自己的微机工业体系。

- 在计算机管理局的支持下，1984年，王之组建了微机开发小分队，从计算机管理局的科研经费中拨款30万元，一群精明强干的年轻人在北京马甸桥外租来的几间房子里，在设施简陋、空间狭小的条件下，开始研制中国第一台微机。用21世纪的眼光看来，制造一台微机没有任何难度，但是，在当时的历史背景下，却有着许多技术壁垒需要突破。

研发者
王之

- 王之（1942—），湖南浏阳人。中国人民解放军开国上将王震之子。中国计算机科学家。

- 1960年入哈尔滨军事工程学院学习。1966年3月入第七机械工业部五院工作，历任技术员、工程师。1979年3月被调入第四机械工业部计算机管理局工作。

- 1984年，组织领导了中国第一台微机长城0520CH的研制。1986年12月参与创办中国计算机发展公司，任总经理兼党委书记。1987年5月，第一台国产286微机"长城286"上市。1989年1月，公司改名为中国长城计算机集团公司。

机器简介

长城0520CH的全套配置：

- 原装主机1台。
- 8英寸VT-50显示器1台。
- 83键分离式键盘1把。
- 随机使用手册1本。

性能参数：

- 中央处理器：Intel 8086微处理器。
- 字长：16位。
- 内存：256KB。

- 存储：10MB硬盘。
- 运算速度：定点加法速度达到65万次/s。
- 软驱：2个5.25英寸的，容量为320KB，最多可接4个。
- 操作系统：微软MS-DOS、国产的CC-DOS v1.1版汉字操作系统。
- 支持汉字数据库dBASEII和汉字文字处理程序Cwordstar。

▲ 长城0520CH

经过数月夜以继日的奋战，1985年4月，第一台长城0520CH的样机研制成功并调试完毕，同年6月在全国计算机应用展览会上正式发布。

长城0520CH是中国第一台中文化、工业化、规模化生产的微型计算机。

长城0520CH微机的性能超过当时的IBM PC和NEC 980，其汉字处理水平等性能超过了当时包括IBM在内的国际知名品牌，深刻地改写了中国计算机产业的发展历史。

- 长城0520CH在1985年9月投入市场后，在国内迅速供不应求，到1986年第三季度末，订货量已经达到15000台。同时长城将0520CH的很多元器件实现了国产化，在当时特殊的产业环境下，为国家节约了大量外汇，创造了可观的社会效益。

▲ 长城0520CH主机内部

▲ 长城0520CH开机界面

历史意义与成就

- 作为中国计算机史上第一台国人自主设计、生产、销售的台式计算机长城0520CH，其意义远远超过了它所带来的技术进步——标志着中国信息产业获得了里程碑意义上的重大突破和成功，也缩短了我国计算机产业和世界的距离。
- 我国在计算机领域第一次拥有与国际领先技术同等的话语权，开启了我国计算机企业通过自主创新与世界知名厂商同台竞技的历史之门，是中国计算机工业发展史上最具历史意义的里程碑之一！
- 长城微机的诞生，让我国摆脱了国外厂商的制约，中国计算机技术服务公司走上了一条独立研制、生产微型计算机的道路，《瞭望》周刊曾盛赞"长城0520CH引发了一个产业的诞生"。长城0520CH被业界评为全球十大功勋计算机。

31 银河一号

研发者

慈云桂

- 慈云桂（1917—1990），安徽桐城人，电子计算机专家、中国科学院院士。
- 慈云桂长期从事无线电通信雷达和计算机方面的教学和科研工作，成功研制中国第一台专用数字计算机样机、中国第一台晶体管通用数字计算机441-B-I型，以及441-B-II型、441-B-III型大中型通用晶体管计算机。
- 领导研制成功中国第一台亿次级巨型计算机，使中国进入了国际巨型计算机的研制行列，也让中国计算机事业进入了一个新阶段。在设计研制上述各种计算机过程中，一直担任总设计师并负责技术抓总，提出了一些新的理论、新的技术途径和决策，及时解决各种难题。

研发背景

- 20世纪80年代以前，除了有被称作"仪器"的电子管计算机和晶体管计算机外，还没有计算速度能达到每秒千万次的巨型计算机。由于国家没有巨型计算机，防汛部门无法对复杂的气候进行中长期预报，造成数次洪峰袭击预警缺失，使人民的生命财产蒙受巨大损失；石油部门每年要将勘探出来的大量石油矿藏数据和资料用飞机送到国外做三维处理，不仅费用昂贵，而且国家的资源情况也会先被外国人掌握。
- 1978年3月，中共中央和国务院把研制"银河一号"巨型计算机的艰巨任务交给国防科技大学。在全国20多个科研生产单位和使用单位的大力协作、密切配合下，国防科技大学的科技人员经过6年的艰苦奋斗，克服了很多理论上、技术上和工艺上的困难，终于在1983年12月22日研制成功了这台超高速巨型电子计算机，并在长沙通过了国家技术鉴定。

▼ 银河一号

- 鉴定结果表明：针对26道在国家经济发展和科学研究方面具有广泛代表性的正确性考题，先后计算3遍，数据完全相同，结果正确，精度符合要求；在单道操作系统或者多道操作系统控制下，全系统和主机稳定可靠；"银河"电子计算机在设计、生产、调试过程中，提出了很多新技术、新工艺和一些理论问题，有些是国内首次使用的，有些达到国际先进水平。
- 连续"烤机"的12天里，主机运转了288小时无故障。

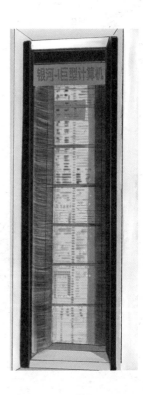

- 全机底板含25 000条绕接线、12万个绕接点，科技人员均检查8遍以上。
- 全机有800多块多层印制板，每块板上平均有5000个金属化孔，全部进行孔壁检查、孔导通测试和绝缘测试。
- 全机有600多块插件板，每块板上有三四千个焊点，200多万个焊点无一虚焊。
- 由主机、海量存储器、维护诊断计算机、用户计算机、电源系统、各种外部设备及系统软件构成，具有强大的数值计算能力和数据处理能力。
- 硬件系统向量运算速度达到每秒一亿次以上；软件系统内容丰富，功能较强、使用方便、性能先进；图纸资料齐全。
- 慈云桂总设计师创造性地提出了"双向量阵列"结构，大大提高了机器的运算速度。最终，研制任务提前一年完成，实际性能超过了预定的性能指标，机器稳定可靠，且经费只用了原计划的五分之一。

应用

"银河一号"是我国自行研制的第一台每秒钟运算亿次以上的巨型计算机，使我国成为世界上少数几个拥有研制巨型计算机能力的国家之一，它是石油和地质勘探、中长期天气数值预报、卫星图像处理、核物理、计算大型科研项目和国防建设的重要手段，对现代化建设具有重要的作用。

▲ 国家超级计算长沙中心　　　　▲ 应用广泛

历史意义与成就

- "银河一号"是我国第一台自主研制的亿次级巨型计算机，获"特等国防科技成果奖"。它的成功研制，提前两年实现了全国科学大会提出的到1985年"我国超高速巨型计算机将投入使用"的目标。
- "银河一号"填补了国内巨型计算机的空白，使中国成为继美国、日本之后，第三个能独立设计和制造巨型计算机的国家，标志着我国计算机技术已发展到一个新阶段。

32 天河一号

基于863"高效能计算机及网格服务环境"重大项目"千万亿次高效能计算机系统研制"课题。"天河一号"超级计算机由中国国防科学技术大学研制,部署在天津的国家超级计算机中心。2009年10月29日,作为第一台国产千兆次超级计算机"天河一号"在湖南长沙亮相,其峰值性能达1206万亿次/s双精度浮点运算。

研发者
杨学军

• 杨学军(1963—),山东武城人,计算机领域专家,中国科学院院士,现任中国人民解放军军事科学院院长。
• 长期从事高性能计算机体系结构与系统软件研究,尤其是代表国家战略计算水平的大规模并行计算机系统的研究。
• 参与研制"银河-II"巨型计算机,作为总设计师主持研制以"银河-III""天河一号"为代表的六个国家重大高性能计算机系统。

机器简介

"天河一号"超级计算机由6144个CPU和5120个GPU装在103个机柜组成,占地面积近千平方米,其总重量达到155吨。配置包括:
• 6144个通用处理器。
• 5120个加速处理器。
• 内存总容量为98TB。
• 点对点通信带宽为40Gbit/s。
• 共享磁盘总容量为1PB。

▲ 天河一号

硬件系统

包括计算阵列、加速阵列、服务阵列,以及互连通信子系统、I/O存储子系统和监控诊断子系统等。

• 计算阵列:2560个计算节点,每个节点集成2个Intel CPU,配备32GB内存。
• 加速阵列:2560个节点,每个节点含2个AMD GPU、2GB显存。
• 服务阵列:512个节点;每个节点含2个Intel EP CPU,内存均为32GB。

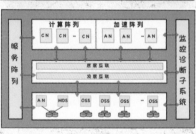

- 互连通信子系统：采用两级Infiniband QDR互连，单个通信链路的通信带宽为40Gbit/s、延迟1.2μs。
- I/O存储子系统：全局分布共享并行I/O系统结构；磁盘总容量为1PB。
- 监控诊断子系统：分布式集中管理结构，实现全系统的实时安全监测、系统控制和调试诊断等功能。

软件系统

由操作系统、编译系统、资源与作业管理系统和并行程序开发环境这4部分组成。

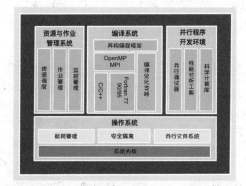

- 操作系统：采用64位Linux，针对高性能并行计算、能耗管理、虚拟化和安全隔离等进行了设计。
- 编译系统：支持C、C++、FORTRAN77/90/95、Java语言，支持OpenMP、MPI并行编程，提供异构协同编程框架，高效发挥CPU和GPU的协同计算能力。
- 资源与作业管理系统：提供全系统资源统一视图，实现多策略资源分配与作业调度，有效提高资源利用率和系统吞吐率。
- 并行程序开发环境：提供一体化图形用户界面，支持应用程序的调试和性能分析。

应用成果

- 应用广泛：石油勘探数据处理、生物医药研究、航空航天装备研制、资源勘测和卫星遥感数据处理、金融工程数据分析、气象预报和气候预测、海洋环境数值模拟、短临地震预报、新材料开发和设计、土木工程设计、基础科学理论计算等。

高性能特点

- 全系统峰值性能为1206万亿次/s，Linpack实测性能为563.1万亿次/s。其计算一天，一台配置Intel双核CPU、主频为2.5GHz的微机需要计算160年。
- 共享存储总容量为1PB。相当于4个国家图书馆（藏书量为2700万册）之和，能够为全国每人储存一张大小接近1MB的照片。
- 能效为每瓦4.3亿次运算，全系统运行下，功率为1280kW。满负荷运行的总功耗是4.04MW，是一台相对节能的、绿色的超级计算机。

历史意义与成就

- 在2010年世界超级计算机TOP500排名中，位列第一。
- 我国战略高技术和大型基础科技装备研制领域取得的又一重大创新成果，实现了我国自主研制超级计算机能力从百兆次到千兆次的跨越，使我国成为世界上第二个能够研制千兆次超级计算机系统的国家。

33 曙光一号

研发背景

- "曙光一号"的研制过程包括准备（1990年5月—1992年2月）、攻坚（1992年3月—1993年10月）及应用（1993年11月—1995年6月）3个阶段。第一阶段开始于计算所国家智能计算机研究开发中心软硬件组成立；第二阶段开始于陈鸿安、樊建平、刘金水等人集中"封闭式"攻关；第三阶段以开发早期的互联网服务器及后来成立曙光公司为标志。

机器简介

- "曙光一号"并行计算机是于1993年我国自行研制的第一台用微处理器芯片（88100微处理器）构成的全对称紧耦合共享存储多处理机系统，最大支持16

▼ 曙光一号研发现场

研发者
李国杰

- 李国杰（1943年—），湖南邵阳人，计算机专家，中国工程院院士、第三世界科学院院士，曾任中国科学院计算技术研究所所长。
- 长期从事国家863计划高技术研究，两次担任国家"973计划"项目首席科学家。主持研制"曙光一号"并行计算机、"曙光1000"大规模并行机和"曙光2000/3000"超级服务器，领导计算所成功研制龙芯高性能通用CPU、"曙光4000"超级服务器，并主持中国科学院重大项目IPv6网络研究。

个CPU（4个CPU共享存储为节点主板，4个主板通过VME总线连接），系统外设采用SCSI设备，系统峰值定点速度为6.4亿次/s，最大主存容量为768MB。在对称式体系结构、操作系统核心代码并行化和支持细粒度并行的多线程技术等方面实现了一系列技术突破。

- 硬件的技术突破包括多处理机共享内部总线协议、多机中断控制器芯片等。

▲ 曙光一号

- 软件包括SNIX操作系统采用的细粒度加锁以及动态分配I/O中断向量，以实现多机系统对称式处理。
- 在UNIX核心中增加共享资源进程以及成群调度策略，在用户空间以库函数的方式实现线程概念，支持中微粒度的并行计算等。

  经过一系列严格测试，其性能全部达到或超过设计指标。

成功打破了国外IT巨头对我国信息技术的垄断，推动信息产业走上了自主发展的道路。现有一台"曙光一号"并行计算机保存于中国科学院计算技术研究所。

- 支持细粒度并行的多线程技术。
- 支持多用户多任务的多处理，真正加速单任务的并行。
- 中断处理速度快，可用于事务处理服务器、网络通信服务器。
- 系统扩展性强，支持用户多。
- 达到世界先进水平的并行编译。
- 实时处理能力强，适用于实时仿真。

▲ 中国科学院计算技术研究所

应用成果

曙光公司成立前，"曙光一号"已在教育行业（中国科技大学、武汉大学）、信息服务（1994年开通国内第一个BBS网站——BBS曙光站）、军队（总后油库管理）、政府（国家科委办公自动化）、援外项目（埃及穆巴拉克科学园）等相关项目上进行了成功的销售。"曙光一号"累计生产并销售20多套。

曙光公司成立后，基于"曙光一号"的技术，智能中心与曙光公司逐步发展出两个系列的产品：曙光天演UNIX服务器系列及曙光天阔PC服务器系列，1997年已达20多个品种。

曙光机被成功应用到数十个行业，促进传统行业的信息化进程，这些行业包括科研、教育、政府、石化、电信、军队、保险、交通、出版、银行等。目前"曙光"已成为中国高性能服务器的著名品牌。

历史意义与成就

- 以"曙光一号"技术为源头，开发曙光机两个系列20多种服务器产品，创造出巨大的社会与经济效益。所获荣誉包括科学院科技进步特等奖、国家科技进步二等奖等。1994年被认为是国内科学技术的主要成就之一，写入当年全国人大八届二中全会的政府工作报告。
- "曙光一号"于1993年10月通过国家有关技术鉴定，被认为是863高技术计划信息领域的一项重大成果，达到了20世纪90年代初同类计算机的国际先进水平。"曙光一号"的诞生标志着我国已达到设计制造多线程机制的对称式紧耦合并行机的世界先进水平。就在"曙光一号"诞生后仅3天，西方国家宣布解除10亿次计算机对中国的禁运。

34 曙光4000A

研发背景

- "曙光4000A"超级服务器是计算技术研究所国家智能计算机研究开发中心承担的国家"十五"863计划"高性能计算机及其核心软件"专项重大课题。经过近两年的艰苦努力，于2004年4月投入稳定运行，6月完成系统鉴定，8月作为国家"863"计划支持的"中国国家网格"中的一个主节点落户上海超级计算中心。

研发者
孙凝晖

- 孙凝晖（1968—），计算机系统结构专家，中国工程院院士，曾任中国科学院计算技术研究所所长，中国科学院大学计算机科学与技术学院院长。
- 长期从事高性能计算机研究工作，牵头研制了曙光2000到曙光6000三代曙光机群系列高性能计算机，在石油勘探等国家关键行业打破国外厂商垄断。发展了机群访存的技术体系，提出了高通量计算的基础理论，为我国发展计算机体系结构技术做出了重要贡献。

机器简介

- 峰值计算速度：每秒11.2万亿次浮点运算，其中Linpack值为8.06万亿次/s浮点运算。
- 峰值功耗：1000kW。
- 内存容量：5TB。
- 占地：75m²。
- 节点：640个2U4节点，2560个64位2.2GHz Opteron CPU。
- 存储容量：42.5TB，含20TB SCSI RAID。
- 互联网络：共4套，包括2Gbit/s Myrinet计算网络、1Gbit/s Ethernet存储网络、100Mbit/s Ethernet管理网络、曙光专用大规模机群管理网络。
- 高速网络性能：并行通信时单向带宽494Mbit/s，单向延迟6.72μs。
- 文件系统：DCFS2，曙光IP SAN网络存储软件。
- 操作系统：DCMS（系统管理）、DCIS（系统安装）、DCMM（系统监控）、MultiTerm（并行操作）、DSBS（作业管理）。
- 网格零件：网格路由卡、网格面板、网格钥匙、网格视图、网格网关。

▼ 曙光4000A

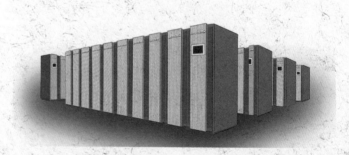

▲ 计算节点

- 高密度商用服务器主板包含4个64位Opteron的SMP系统，独到的通风设计和部件布局。
- 网格部件在网格环境下能更好地服务于具有多样性的用户需求。
- 主板集成的大规模机群管理网络，有效地管理、控制和操作大规模机群。
- 机群操作系统核心，改变了机群上系统软件缺乏统一框架的情况。

"曙光4000A"服役期间为400余用户提供6000万机时服务，应用领域包括物理、化学、天文、生物、地质勘探、力学、纳米材料等基础科研，以及航空航天、船舶、汽车、核电、隧桥工程等重要工程项目，平均无故障时间达到25万h，获得多项国家级和省市级科技进步奖。

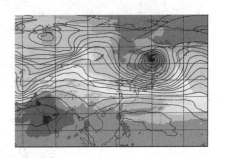

- 中国气象局预测2008年北京奥运会未来36小时气象预报，时间步长81s，网格精度最小为1km。使用800个CPU耗时1h左右完成预报计算。

曙光高性能计算4000系列

曙光4000L：于2003年3月完成制造，用于网络安全的高性能计算机。具有1000亿字节的海量数据处理能力，每天平均进行163亿个并行操作、86亿个混合操作，进行100万个记录表规模数据挖掘的平均响应时间为2.5s。

曙光4000H：于2005年9月完成制造，用于生物信息处理的高性能计算机，具有5000亿次/s的通用计算能力和4万亿次/s的特殊处理能力。根据生物信息学算法的特点，采用可重构计算技术，硬件对关键算法的最大加速可达3826倍，探索了专用超级计算机系统的技术路线。

曙光4000I：于2005年6月完成制造，具有异构特征的高性能计算机系统，用于SAR实时成像处理。

历史意义与成就

"曙光4000A"的计算速度达10万亿次/s，当年排名世界第10，是我国研发的超级计算机首次进入世界十强计算机行列。它标志着中国超级计算机研发水平正式登上世界顶尖水平，进入美、日、中三国竞争时代。

35 神威·太湖之光

研发者

金怡濂

- 金怡濂（1929—），中国高性能计算机领域著名专家，中国巨型计算机事业开拓者，"神威"超级计算机总设计师，有"中国巨型计算机之父"美誉。
- 1994年当选为中国工程院首批院士，获第三届"国家最高科学技术奖"、2012"CCF终身成就奖"。
- 主持完成了中国多台大型、巨型计算机的研制，系统和创造性地提出了巨型机体系结构、设计思想和实现方案，为中国计算机事业特别是巨型计算机的跨越式发展做出了重大贡献。

研发背景

- "神威·太湖之光"超级计算机作为国家863计划信息技术领域重大项目支持的课题之一，由国家并行计算机工程技术研究中心研制，被安装在国家超级计算无锡中心。
- 2020年7月，中科大在"神威·太湖之光"上首次实现千万核心并行第一性原理计算模拟。

机器简介

- "神威·太湖之光"超级计算机占地605m²，由40个运算机柜和8个网络机柜组成。机柜中分布了4个由32块运算插件组成的超节点。每个插件由4个运算节点板组成，一个运算节点板含2个"申威26010"高性能处理器。因此一台机柜就有1024个处理器。
- 整台"神威·太湖之光"安装了40960个中国自主研发的申威26010众核处理器。峰值性能可达到12.5亿亿次/s，持续性能为9.3亿亿次/s，世界上首台运算速度超过10亿亿次的超级计算机。每分钟的计算量相当于全球72亿人用计算器不间断地计算32年。

申威26010众核处理器采用64位自主申威指令系统，峰值性能3.168万亿次/s，核心工作频率为1.5GHz。

- 面向构建10亿亿次超级计算系统。
- 自主知识产权的申威指令集（SW-64）。
- 片上融合异构众核架构。

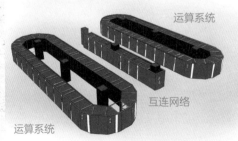

运算系统

互连网络

运算系统

- 集成4个运算控制核心和256个运算核心。
- 核心根据需求扩展了256位向量指令集。

航天飞行器统一算法数值模拟：国家计算流体力学实验室基对"天宫一号"飞行器两舱简化外形，陨落飞行，绕流状态大规模并行模拟，使用16384个处理器在20天内便完成常规需要12个月的计算任务。

三大突破

"神威·太湖之光"的峰值性能、持续性能、性能功耗比3项关键指标均居世界第一。

① 数量级的突破。全球第一台运行速度超过10亿亿次/s的超级计算机，峰值性能高达12.54亿亿次/s，持续性能达到9.3亿亿次/s，接近"天河二号"的3倍。

② 自主研发的突破。全部采用自主中国芯"申威26010"众核处理器。其单芯片的计算能力相当于3台2000年全球排名第一的超级计算机。

③ 绿色节能的突破。低功耗、高集成度处理器、高速高密度的工程实现技术、高效水冷技术、软硬件协同、智能化的功耗控制方法，实现了层次化、全方位的绿色节能，功耗比达到每瓦60.51亿次运算。

历史意义与成就

- 2016年国际超算大会，"神威·太湖之光"超级计算机系统登顶国际TOP500榜单之首，速度比第二名"天河二号"快出近2倍，效率提高3倍。

- 2016年11月14日，新一期TOP500榜单中，"神威·太湖之光"蝉联冠军。

- 2017年11月13日，全球超级计算机TOP500榜单中以9.3亿亿次/s的浮点运算速度第四次夺冠。与"天河二号"之前的登榜纪录叠加，中国超算已经连续第十次蝉联世界超算榜冠军。

- 2017年11月，以12.5亿亿次/s的峰值计算能力以及9.3亿亿次/s的持续计算能力，再次斩获全球超级计算机TOP500榜第一名。

应用成果

"神威·太湖之光"系统自投入使用以来，服务的应用课题涉及气候、航空航天、海洋环境、生物医药、船舶工程等19个领域，其中整机应用14个（千万核），半机以上规模应用12个，百万核以上应用20多个。

中科院软件所与清华大学、北师大合作的"全球大气非静力云分辨模拟"获得2016年度"戈登·贝尔"奖。国家海洋局海洋一所与清华大学合作的"高分辨率海浪数值模拟"和中科院网络中心的"钛合金微结构演化相场模拟"入围最终提名。

▲ 全球大气非静力
云分辨模拟

▲ 高分辨率海浪数值模拟

▲ 钛合金微结构
演化相场模拟

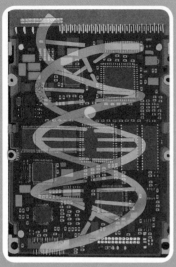

生物计算机

超导计算机

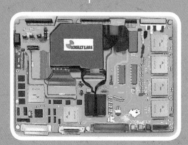

光子计算机

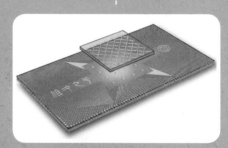

量子计算机

第七部分

未来计算机

36 生物计算机

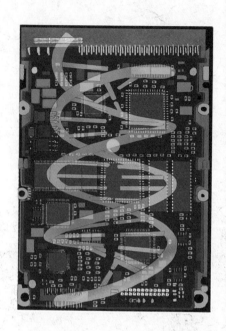

- 生物计算机是以核酸分子为数据，以生物酶及生物操作为信息处理工具的一种新颖的计算机模型。主要原材料是生物工程技术产生的蛋白质分子，以此作为生物芯片来替代半导体硅片，利用有机化合物存储数据。信息以波的形式沿着蛋白质分子链传播，引起蛋白质分子链中单键、双键结构顺序的变化。

- 生物计算机芯片具有并行处理的功能，其运算速度比普通计算机快10万倍，能量消耗仅相当于普通计算机的十亿分之一，存储信息空间仅占百亿亿分之一。生物计算机具有生物体的一些特点，如能发挥生物自身调节机能，自动修复芯片故障，模仿人脑机制等。

生物晶片

- 生物晶片是生物计算机的核心部件。比如合成蛋白质晶片、血红素晶片、赖氨酸晶片等。其基质一般是经过处理后的玻璃片，每个基质面上都可划分出数百甚至数百万个小区，在指定的小区内可固定大量具有特定功能、长约20个碱基组成的核酸分子，也叫分子探针。

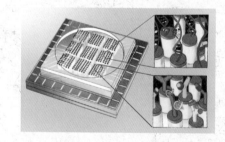

- 被固定的分子探针在基质上形成不同的探针阵列，利用分子交错及平行处理原理，DNA晶片可以对遗传物质进行分子探测。可用于研究基因功能、疾病监测、药物筛选等。

性能特点

❶ 体积小且功效高。生物计算机的面积上可容纳数亿个电路，可以达到极小的尺寸。已不再具有计算机的形状，方便隐藏放置。

❷ 芯片永久性与可靠性高。蛋白质分子可以自我组合新生出微型电路，借助生物特性发挥生物调节机能，自动修复受损芯片。

❸ 存储与并行处理强。1g DNA存储信息量相当一万亿张CD，存储密度是通常使用磁盘存储器的1000亿～10 000亿倍。通过一个狭小区域的生物化学反应实现逻辑运算，数百亿个DNA分子构成大批DNA计算机并行操作，其计算速度比现有超级计算机快100万倍。

❹ 数据错误率低。修改酶能够参考DNA的互补序列对发生在DNA某一双螺旋序列的错误进行修复。DNA双螺旋结构相当于计算机硬盘间的镜像数据修复。

发展历程

- 生物计算早期构想始于1959年，诺贝尔奖获得者理查德·费曼提出利用分子尺度研制计算机。
- 1994年图灵奖获得者伦纳德·阿德尔曼提出基于生化反应机理的DNA计算模型。
- 1999年7月，美国科学家借助蚂蟥神经细胞初步制成了一台生物计算机。
- 2002年1月，奥林巴斯公司开发出第一台用于基因分析的功能性DNA计算机。
- 2007年，北京大学提出并行型DNA计算模型。
- 2017年7月，微软与华盛顿大学研究小组找到大幅提升DNA分运算的方法。
- 2021年3月，西班牙庞培·法布拉大学的生物计算机能够在纸片上打印细胞。

应用成果

2002年1月28日，奥林巴斯公司宣布成功开发了世界上第一台用于基因分析的功能性DNA计算机，将基因表达时间从3天缩短到6小时。该机由电子计算部分和分子计算部分组成。

微软与华盛顿大学的研究小组大幅提升DNA分子运算的方法：新型DNA计算机仅用7分钟就完成了之前需用时4小时的工作。

未来前景

模仿生物体组件，开发新的分子或生物功能组件；模仿生物体组织，开发并行的信息处理结构；借用人脑的软件运算方式；仿制能自我组织的软件；学习人脑的记忆方式。

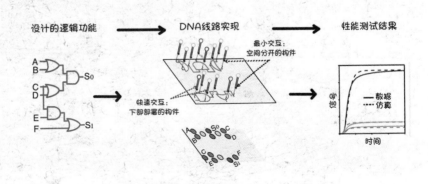

37 光子计算机

　　光子计算机是由激光器、调制器、光波导、探测器等光电子器件构成，使用光信号进行计算的新型信息处理系统。它以抗干扰、高并行、高能效的光信号作为信息处理的载体，采用分立或集成光电子器件代替晶体管，采用空间光或光波导代替金属导线，通过若干组件的协作，完成量子模拟、矩阵变换、神经网络等计算操作。按照计算原理的不同，光子计算机分为光量子计算系统和光经典计算系统。

应用成果

　　2003年，Lenslet公司设计实现了基于氮化镓器件的向量-矩阵乘加计算组件，可以实现最高256维向量的计算，计算精度达到8位，是第一个商业化的光子计算组件；它作为数字信号处理器、方程求解器在军事领域和高性能中心获得测试应用。

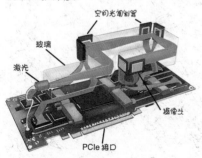

空间光调制器
玻璃
激光
摄像头
PCIe接口

性能特点

1. 抗干扰。光子是玻色子，自旋量子数为整数，不遵守泡利不相容原理，多个全同玻色子可以同时处于同一量子态，光信号具有优异的抗电磁干扰特性，不会受到电感、电容等影响。

2. 高并行。不同波长的光信号在并行、交叉过程中，彼此不会相互影响，对于一组光计算系统，可以通过多路并行的方式完成信息的处理，从而呈数量级的提高计算的性能。

3. 多进制。光信号的强度、相位、偏振等物理特性都可以用来表示数值，具有优良的编码能力，可以进行多进制的计算，运算速度指数级提高。

4. 高能效。光信号处理过程中的能量损耗远远小于电信号的损耗，计算过程中光域能量损耗几乎可以忽略不计，非常适合构建高能效的计算系统。

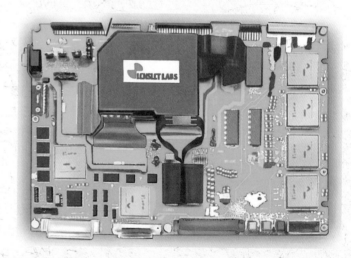

　　2013年，从剑桥大学走出的Optalysys创业公司，基于空间光调制分立器件和4F原理，构建了板卡级的光电混合计算模组，实现了基因相关性分析、深度神经网络计算等光电混合计算功能，将特定应用的计算速度提高50倍，计算能效提高300倍，并采用云计算的方式提供测试服务。

2018年，麻省理工学院团队基于MZI器件，构建了基于矩阵-向量乘加计算模型的光子集成芯片，实现了神经网络推理计算功能，完成了元音识别的演示。孵化了LightMatter和Lightelligence两家创业公司，开展光子计算芯片的产业化探索；其中，LightMatter发布了基于光计算的服务器。

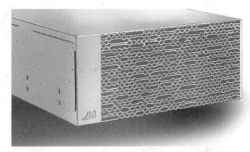

▲ Light Matter发布的Envise服务器

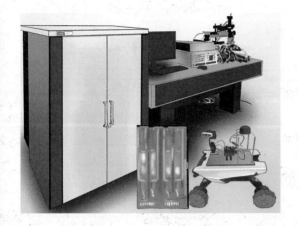

2021年，中国科学院计算技术研究所、中国科学院西安光学精密机械研究所等合作单位从光子计算模型、光子集成芯片结构、大规模光子集成工艺和光子计算机体系结构等方面进行了系统化的探索，构建了面向智能识别、智能控制、组合优化问题求解的光子计算芯片和计算机系统，实现了自主智能系统的演示，扩展了光子计算的应用领域，推进了光子计算的实用化。

发展历程

- 20世纪50年代，信息光学成为光学的独立分支，开启光子计算的研究进程，在美国空军的支持下，用于SAR信号处理的第一个光学处理器诞生。
- 20世纪60年代，激光器的发明促进光子信息处理领域快速发展，密歇根大学范德·卢格特提出并演示了4f光学处理结构。
- 20世纪70年代，基于光学傅里叶变换的信息处理结构获得长足发展，产生多种相干、非相干、线性、非线性的处理系统。
- 20世纪80年代，空间光调制器等器件不断成熟，光学相关计算处理器在模式识别领域获得应用，光学神经网络被提出。

- 20世纪90年代，DARPA启动TOPS计划，贝尔实验室采用砷化镓开关研制出光计算机原型。
- 21世纪10年代，Lenslet公司推出产业化的Enlight256计算平台，其向量-矩阵乘加计算能力超过电子计算，在高性能计算机中获得部署；光量子计算器件和装置快速发展进步，实现小规模的光量子纠缠系统。
- 21世纪20年代，伴随着光电子集成工艺快速发展，光子计算器件迈入集成化的时代，基于光学原理的智能计算、数值计算和量子计算快速发展。
- 21世纪30年代，以传感信号处理、自动驾驶、密码破译为目标的新型光子计算系统开始出现，将光计算推向实用化和产业化。

未来前景

光子计算机在速度、能效和抗干扰性方面具有先天性的优势，非常适合用来解决若干电子计算不容易解决的计算问题；在未来，随着大规模光子集成工艺的成熟，光子计算机将成为计算体系中重要的一员，拥有广泛的应用空间和广阔的市场空间。

38 超导计算机

基本概念

超导计算机的主要特征是利用超导数字集成电路制造计算机内部的中央处理器（CPU）和存储器等核心部件，因同时具备高速低功耗的特性，从2017年开始，一直被IEEE国际器件与系统路线图（IRDS）列为未来重点发展方向之一。超导数字电路电路对磁通量子脉冲进行编码、传输和处理，能在几皮秒内转换状态和执行逻辑功能。

超导处理器

日本研究人员研制出一个电阻为零的超导微处理器。目前这些设计需要低于10K（-263℃）的超冷温度。研究者试图制造一种绝热的超导体微处理器，原则上在计算过程中系统不会损失能量。

超导材料

1962年，布莱恩·约瑟夫森首先在理论上预言超导状态下库珀电子对的量子隧道效应，也因此获得了1973年诺贝尔物理学奖。超导数字电路的基本构成单元为约瑟夫森结，即在两个超导体之间加一层厚度不大于库珀电子对相干长度的绝缘体。当外加电流值超过超导体的临界电流I时，由于量子隧道效应，约瑟夫森电流会经过两个超导体，从而在两个超导体之间形成电势差V。

与传统的半导体数字电路相比，采用2.0μm超导集成电路工艺制造的器件，计算速度就能达到20nm半导体集成电路工艺制造的器件，而其功耗却能降低2～3个数量级。

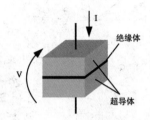

微处理器原型称为MANA（单片绝热集成架构），是世界上第一个绝热超导体微处理器。它由超导铌组成，并依赖于称为绝热量子通量参数（AQFP）的硬件组件。每个AQFP由几个快速作用的约瑟夫森结开关组成，只需要很少的能量运行。MANA微处理器总共由超过20 000个约瑟夫森结组成。

▲ 安装在芯片支架上基于AQFP的MANA微处理器

▲ 用于测试超导芯片的定制氦浸探头的芯片端

发展历程

- 1966年，IBM开始利用约瑟夫森结制造超导数字电路的研究。
- 1981—1989年，日本通产省"高速科学技术计算系统"项目，开发了4位微处理器ETL-JC1和容量很小的存储器。
- 1996—2000年，美国启动HTMT超导计算机项目。
- 2002—2007年，日本演示第一个8位超导处理器CORE1。
- 2010年，D-Wave发布了第一个超导量子退火机商用系统D-Wave One。
- 2018年，中国开始研制超导计算机。

❶ 运算速度快。0.5μm超导集成电路工艺制造的处理器芯片，工作频率就可达160GHz。

❷ 功耗低。超导器件最低功耗为10～12W/Gate。

超导电路

❶ 带动超导探测器从单个器件发展至大规模阵列。超导探测器性
  能优异，但在集成过程中缺少数字读出电路的支持，使用超导
  逻辑器件实现超导探测器阵列的数字化读出。

❷ 超导数字电路在超导量子计算机和类脑神经网络计算中具有应
  用潜力。除了应用于低功耗、高速的超导计算机，超导逻辑器
  件在其他新兴计算机架构中也能发挥优势。目前，国际上已有多个研究小组从事利用超导电子
  器件构建人工神经元的工作。

   超导数字电路的核心在于基础逻辑器件的开发。与半导体集成电路工艺不同，超导集成电路工
艺不是采用掺杂工艺，而是薄膜生长技术，类似三明结构。下图所示为一个8层金属铌工艺的电镜
扫描图，结构中显示了约瑟夫森结层和布线层。

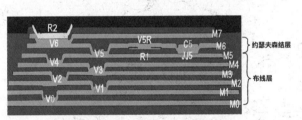

▲ 8层金属铌工艺的电镜扫描图

◀ D-Wave Two量子
  计算机

应用成果

   2015年，D-Wave Two商用量子退火处
理器包含1000个量子位，128 000个约瑟夫森
结，工作在15～20mK低温环境下。

◀ D-Wave Two量子
  退火处理器

未来前景

   超导计算机作为21世纪计算机的重要发展方向之一，正在吸引各国的积极研究。当前超导计
算机的概念已被广泛提及，但超导计算机距离大规模应用还有很长一段路要走。虽然需要解决的问
题还很多，但超导计算机的研究无疑可以为计算机技术发展提供新的思路。

39 量子计算机

（基本概念）

　　量子计算机是一种可以实现量子计算的机器，一种通过量子力学规律实现逻辑运算，处理和储存信息能力的系统。以量子态为计算单元和信息载体，以量子动力学演化为信息传递与加工基础的量子通信与量子计算，其硬件操控能力达到原子或分子的尺度，能存储和处理量子位信息。

　　量子不像半导体只能记录0与1，它可以同时表示多种状态。量子计算机一次运算可以处理多种不同状况，一个40位的量子态，从原理上来说能够同时进行240种状况的计算。

（技术路线）

　　不论是基于门的通用量子计算机，还是量子退火机这种只能解决单一问题的专用量子计算机，都需要集成上千万物理量子位，并对其实施精准操控。目前提出并实现对微观量子态的操纵系统方案有离子阱、超导量子、硅量子点、光量子、金刚石色心、核磁共振、中性原子等，构成了量子计算机不同物理实现技术路线。

❶ 离子阱：带电原子或离子，量子能量依赖于电子的位置。调谐激光冷却并捕获离子，使其处于叠加态。

❷ 超导量子：超导电流围绕一个回路来回振荡，注入的微波信号使电流激发到量子态。

❸ 硅量子点：一小块纯硅上加一个电子制成硅基人造原子，使用微波控制电子的量子态。

❹ 光量子：使用光子来编码量子位，光子穿过光学芯片或光纤完成计算。光量子系统可以在室温下工作。

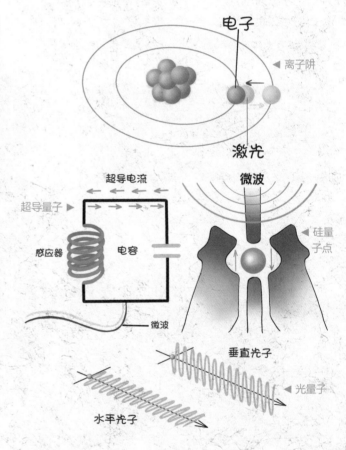

电子
◁ 离子阱
激光

超导电流
微波
超导量子
硅量子点
感应器　电容
微波

垂直光子
◁ 光量子
水平光子

- 20世纪80年代初期，贝尼奥夫、费曼等人首先独立提出了量子计算的思想，多伊奇设计出一台可执行的、有经典类比的量子图灵机——量子计算机的雏形。
- 2015年5月，IBM开发出四量子位型电路，成为未来10年量子计算机基础。
- 2017年5月3日，中国科学院构建的光量子计算机实验样机计算能力已超越早期计算机。完成了10个超导量子位的操纵，成功打破了目前世界上最大位数的超导量子位的纠缠和完整的测量的纪录。
- 2020年12月4日，中国科学技术大学成功构建76个光子的量子计算原型机"九章"，中国成为全球第二个实现"量子优越性"的国家。

应用成果

　　"祖冲之号"是我国研制的62量子位可编程超导量子计算原型机，实现了可编程的二维量子行走。2021年5月7日，相关研究成果被发表在《科学》杂志上。该成果为在超导量子系统上实现量子优越性展示及可解决具有重大实用价值问题的量子计算研究奠定了技术基础，在量子搜索算法、通用量子计算等领域具有潜在应用。右上图为"祖冲之号"的二维超导量子位芯片示意图，每个橘色十字代表一个量子位。

▲ "祖冲之号"的二维超导
量子位芯片示意图

　　2021年6月28日，"祖冲之号"升级为66量子位。研究团队利用其中的56量子位扩大了之前由其实现的"量子计算优越性"的实验。如右下图所示，"祖冲之号"量子处理器由两颗蓝宝石芯片组成，一颗携带66个量子位和110个耦合器，每个量子位耦合到4个相邻的量子位。另一颗承载读出组件和控制线、接线。这两颗芯片通过铟凸块对齐并被绑定在一起。

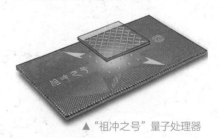

▲ "祖冲之号"量子处理器

未来前景

　　量子计算机理论上具有模拟任意自然系统的能力，也是发展人工智能的关键。在并行运算上的强大能力，使它有能力快速完成经典计算机无法高效完成的计算。这种优势在密码破译、天气预测、药物研制、交通调度、保密通信等领域有着巨大的应用。